Klassische Texte der Wissenschaft

Herausgeber:
Prof. Dr. Dr. Olaf Breidbach
Prof. Dr. Jürgen Jost

http://www.springer.com/series/11468

Die Reihe bietet zentrale Publikationen der Wissenschaftsentwicklung der Mathematik, Naturwissenschaften und Medizin in sorgfältig editierten, detailliert kommentierten und kompetent interpretierten Neuausgaben. In informativer und leicht lesbarer Form erschließen die von renommierten WissenschaftlerInnen stammenden Kommentare den historischen und wissenschaftlichen Hintergrund der Werke und schaffen so eine verlässliche Grundlage für Seminare an Universitäten und Schulen wie auch zu einer ersten Orientierung für am Thema Interessierte.

Claus Kiefer
Herausgeber

Albert Einstein, Boris Podolsky, Nathan Rosen

Kann die quantenmechanische Beschreibung der physikalischen Realität als vollständig betrachtet werden?

kommentiert von Claus Kiefer

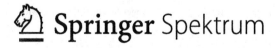 Springer Spektrum

Herausgeber

Claus Kiefer
Institut für Theoretische Physik
Universität zu Köln
Köln, Deutschland

ISBN 978-3-642-41998-0   ISBN 978-3-642-41999-7 (eBook)
DOI 10.1007/978-3-642-41999-7
Mathematics Subject Classification (2910): 81P05, 81P40, 81P15

Die Deutsche Nationalbibliothek verzeichnet diese Publikation in der Deutschen Nationalbibliografie;
detaillierte bibliografische Daten sind im Internet über http://dnb.d-nb.de abrufbar.

Springer Spektrum
© Springer-Verlag Berlin Heidelberg 2015

Gedruckt auf säurefreiem und chlorfrei gebleichtem Papier.

Springer-Verlag GmbH Berlin Heidelberg ist Teil der Fachverlagsgruppe Springer Science+Business Me-
dia
(www.springer.com)

Die allergrößte Freude aber habe ich nach wie vor über die Physical Review Arbeit selbst, weil sie so richtig als Hecht im Karpfenteich wirkt und alle Leute aufwirbelt.
Schrödinger an Einstein, 13. Juli 1935

Vorwort

Das Jahr 2015 markiert nicht nur das hundertjährige Jubiläum der Allgemeinen Relativitätstheorie, sondern auch das achtzigjährige Jubiläum einer der wirkungsmächtigsten Arbeiten der Theoretischen Physik: der hier abgedruckten und kommentierten Arbeit von Albert Einstein, Boris Podolsky und Nathan Rosen („EPR") aus dem Jahr 1935. Während die Relativitätstheorie längst Eingang in den Kanon der Lehrbücher gefunden hat und Einsteins historische Arbeiten deshalb nur noch gelegentlich zitiert werden, finden sich Zitate auf die EPR-Arbeit zuhauf in aktuellen wissenschaftlichen Originalveröffentlichungen, die in renommierten Zeitschriften wie *Physical Review* und *Nature* erscheinen. Diese Veröffentlichungen behandeln nicht nur direkt die Grundlagen der Quantentheorie, sondern auch die bis weit in die Anwendung reichenden Gebiete der Quanteninformation und Quantenoptik. Natürlich kommt hier zum Ausdruck, daß die von EPR aufgeworfene Frage nach der Vollständigkeit der Quantenmechanik nach wie vor eine aktuelle ist. In der hier vorliegenden kommentierten Ausgabe werden deshalb nicht nur der historische Kontext und die Wirkungsgeschichte dieser Arbeit im Detail nachgezeichnet, sondern auch deren Auswirkungen auf die moderne Forschung und die noch immer diskutierten begrifflichen Grundlagen der Quantentheorie. Von Niels Bohr und anderen zunächst als unbedeutend und auf Mißverständnissen beruhend abgetan, erlebt die EPR-Arbeit eine nicht endende Renaissance. Es handelt sich eben doch um eine bedeutende Arbeit!

Der eigentliche Artikel ist eine Arbeit zur Theoretischen Physik und erfordert für die konzentrierte Lektüre physikalische und mathematische Vorkenntnisse. Ihre Aussagen spannen aber einen viel weiteren Bogen, der bis tief in die Philosophie hineinreicht. Ich habe deshalb versucht, diesem Bogen gerecht zu werden und meinen Kommentar so allgemeinverständlich zu halten, wie dies unter den gegebenen Umständen möglich ist. Es sollten also auch diejenigen Leser davon profitieren, die dem rein mathematischen Teil nicht folgen können und nur an den erkenntnistheoretischen Aspekten interessiert sind.

Abgedruckt sind außer der deutschen Übersetzung der EPR-Arbeit auch die Übersetzung von Bohrs Folgearbeit gleichen Titels aus dem gleichen Jahr sowie Einsteins 1948 auf deutsch verfaßter Artikel für die Zeitschrift *Dialectica*. In meinen Zitaten auf die EPR- und die Bohr-Arbeit beziehe ich mich auf diese Übersetzungen.

Herrn Prof. Dr. Jürgen Jost danke ich für die Einladung zu diesem Buch und für die kritische und konstruktive Begleitung während dessen Entstehung; ebenso danke ich dem

Springer-Verlag und insbesondere Herrn Clemens Heine für die effiziente Hilfe. Für eine kritische Durchsicht des Manuskripts und hilfreiche Diskussionen möchte ich mich bei Prof. Dr. H.-Dieter Zeh, Dr. Erich Joos und Prof. Dr. Klaus Volkert herzlich bedanken.

Köln, im November 2014   *Claus Kiefer*

Inhaltsverzeichnis

Die Vorgeschichte

Im amerikanischen Princeton treffen sich 1934 drei Physiker, um zusammen eine wissenschaftliche Arbeit zu verfassen, die sich als eine der meistzitierten Veröffentlichungen des zwanzigsten Jahrhunderts erweisen wird. Es handelt sich um Albert Einstein, Boris Podolsky und Nathan Rosen. Albert Einstein (1879 bis 1955), der Schöpfer der Relativitätstheorie, war schon damals weltberühmt. Aus Nazi-Deutschland vertrieben, hatte er im Oktober 1933 eine Stelle am neugegründeten *Institute for Advanced Study* angenommen, einem Institut, das er bis zu seinem Tod 1955 nicht mehr verlassen sollte.

Boris Podolsky, 1896 im russischen Taganrog geboren, emigrierte 1913 in die Vereinigten Staaten. Er wurde 1928 am *California Institute of Technology* (Caltech) promoviert und kam nach Umwegen, die ihn unter anderem nach Leipzig, in das heute ukrainische Kharkov und wieder ans Caltech geführt hatten, 1933 mit einem Stipendium nach Princeton. In Kharkov war unter anderem eine Arbeit zur damals neuen Quantenelektrodynamik entstanden – gemeinsam mit Vladimir Fock und Paul Dirac, einem der Pioniere der Quantenmechanik, der sich zu jener Zeit auf einer Reise durch die Sowjetunion befand.

Podolsky und Einstein kannten sich bereits von früheren Besuchen Einsteins in den USA. Einsteins erster Aufenthalt in Kalifornien, der ihn hauptsächlich an das Caltech führte, fand vom Dezember 1930 bis März 1931 statt. Er erfolgte auf Einladung des Physikers Richard Tolman, dem wichtige Beiträge zur Relativitätstheorie zu verdanken sind. Während dieser Zeit arbeiteten Tolman, Podolsky sowie der aus den Niederlanden angereiste Paul Ehrenfest (1880 bis 1933) an einer Anwendung der Allgemeinen Relativitätstheorie, und zwar ging es um das von Licht erzeugte Gravitationsfeld (Tolman et al. 1931). Diese Arbeit wurde im Januar 1931 zur Veröffentlichung eingereicht. Auch seinen zweiten Kalifornienaufenthalt, der von Ende Dezember 1931 bis Anfang März 1932 stattfand, verbrachte Einstein hauptsächlich am Caltech. Dieses Mal arbeitete Einstein auch mit Podolsky zusammen. Als Ergebnis dieser Zusammenarbeit entstand eine gemeinsame zweiseitige Publikation von Einstein, Tolman und Podolsky zur Quantentheorie (Einstein et al. 1931), die Einsteins Biograph Abraham Pais als freilich wenig erfolgreich bezeichnet hat (Pais 2009, S. 498).

© Springer-Verlag Berlin Heidelberg 2015
C. Kiefer (Hrsg.), *Albert Einstein, Boris Podolsky, Nathan Rosen*,
Klassische Texte der Wissenschaft, DOI 10.1007/978-3-642-41999-7_1

A. Einstein   B. Podolsky   N. Rosen

Abb. 1.1 Die Autoren der EPR-Arbeit

Der dritte im Bunde, Nathan Rosen, wurde 1909 in New York geboren. Nach seiner Promotion 1932 am *Massachusetts Institute of Technology* (MIT) war Rosen 1934 an die Universität Princeton gelangt. Er hatte sich hauptsächlich mit Atom- und Molekülphysik beschäftigt, interessierte sich aber auch für Relativitätstheorie und hatte 1930 bereits eine Arbeit zu der damals von Einstein verfolgten vereinheitlichten Theorie von Gravitation und Elektromagnetismus publiziert. Es ist deshalb nicht erstaunlich, daß er in diesem Zusammenhang in Princeton Einstein kontaktierte und ihn zu dieser Thematik persönlich um Rat bat. Wie Max Jammer in seinem bekannten Buch zur Quantenmechanik berichtet (Jammer 1974, S. 181), war Rosen sehr erstaunt darüber, mit welcher Freundlichkeit Einstein ihm bei der Diskussion seiner Arbeit begegnete. Als er am darauf folgenden Tag Einstein im Hof des Instituts begegnete, fragte ihn dieser dann: „Junger Mann, warum arbeiten wir nicht zusammen?".

Das ist die persönliche Vorgeschichte für die gemeinsame Arbeit von Einstein, Podolsky und Rosen (Abb. 1.1), die als EPR-Arbeit in die Geschichte eingehen wird. Die wissenschaftliche Vorgeschichte ist weitaus verschlungener und führt zurück zum Anfang des letzten Jahrhunderts. Mit den Arbeiten von Planck 1900 und von Einstein 1905 begann mit leisen Schritten das, was in den Jahren 1925–27 in die Quantentheorie mündete, eine Theorie, um deren Verständnis auch Einstein, Podolsky und Rosen 1934/35 in Princeton ringen.

Keine Theorie hat unser physikalisches Weltbild so verändert wie die Quantentheorie. Sieht man von der bisher nicht erfolgten Einbindung der Gravitation ab, so beschreibt diese Theorie erfolgreich alle Wechselwirkungen, vom Bereich makroskopischer Körper bis hinab zu den Skalen der Elementarteilchen, wie sie zum Beispiel am Teilchenbeschleuniger LHC in Genf untersucht werden. Die Grundgleichungen der Quantentheorie wurden unzählige Male experimentell getestet und lassen von daher keinen Zweifel an ihrer Gültigkeit aufkommen. Dennoch gibt es auch heute noch keine Einigkeit über die Interpretation der Theorie, was sich nicht zuletzt an den zahlreichen Verweisen auf die Arbeit von Einstein, Podolsky und Rosen zeigt. Woher rührt dieses Unbehagen an einer Theorie, deren Formalismus unbestritten ist? Wir werden erkennen, daß sich die Interpretationsdebatte in erster Linie darum dreht, was wir unter Realität verstehen beziehungsweise verstehen wollen.

Der Anstoß für die EPR-Arbeit stammt eindeutig von Einstein. Nicht nur ist er der älteste der drei und überragt seine Koautoren wissenschaftlich um Längen, er hat auch wesentlich zu den Vorstufen der Quantentheorie beigetragen und die Entwicklung der eigentlichen Theorie von 1925 an intensiv und kritisch mitverfolgt. Wir werden sehen, wie hier ein roter Faden bis zur EPR-Arbeit (und darüber hinaus) sichtbar wird. Allerdings benötigte Einstein für die Ausarbeitung den kritischen Dialog mit Kollegen, weshalb diese Arbeit ohne Podolsky und Rosen nicht, jedenfalls nicht in dieser Form, geschrieben worden wäre.

1.1 Einsteins Beiträge zur frühen Quantentheorie

Einsteins Liaison mit der Quantentheorie beginnt bereits dreißig Jahre vor dem Zusammentreffen der drei Physiker in Princeton. Nachdem er sich vergeblich um eine Stelle im akademischen Bereich bemüht hatte, war Einstein seit 1902 technischer Experte III. Klasse am Eidgenössischen Amt für geistiges Eigentum (Patentamt) in Bern. Es sollten einige turbulente Jahre folgen, sowohl in privater als auch in wissenschaftlicher Hinsicht. Er heiratete Anfang 1903 seine Studienfreundin Mileva Marić. Aus dieser Beziehung gab es bereits eine Tochter, das Lieserl, die Mileva Anfang 1902 geboren hatte, als sie sich in ihrer Heimat, dem serbischen Novi Sad, aufhielt. Einstein hat seine Tocher, deren Schicksal unbekannt ist, nie gesehen. Sein erster Sohn Hans Albert kam im Mai 1904 in Bern zur Welt.[1]

Zu diesen privaten Ereignissen und der 48-stündigen Arbeitswoche am Berner Patentamt gesellte sich Einsteins rege wissenschaftliche Tätigkeit. Im Jahr 1905 erschienen von ihm gleich fünf herausragende Arbeiten, die allesamt Geschichte schreiben sollten.[2] Man spricht deshalb von Einsteins *annus mirabilis*, im Anklang an die *anni mirabiles* 1664 bis 1666, in denen Isaac Newton die Grundlage seiner Gravitationstheorie entwickelt hatte. Aus Einsteins wunderbarem Jahr 1905 ist für uns seine Arbeit zur Lichtquantenhypothese wichtig, da es sich hier um die erste bedeutende Abhandlung zur entstehenden Quantentheorie seit den Arbeiten Plancks 1900 und 1901 handelte. Es ist tatsächlich die einzige Arbeit jenes Jahres, die Einstein selbst als revolutionär bezeichnete. In einem Brief an Conrad Habicht[3] vom Mai 1905 schrieb Einstein (Stachel 2001, S. 28):

---

[1] Eine sehr lesenswerte, detaillierte Schilderung von Einsteins Leben bietet Fölsing (1993).

[2] Vgl. hierzu etwa Stachel (2001) oder Kiefer (2005).

[3] Habicht, Einstein und der aus Rumänien stammende Maurice Solovine trafen sich in Bern zu einem informellen Diskussionskreis, den sie „Akademie Olympia" tauften. In Fölsings Einstein-Biographie heißt es dazu: „Regelmäßig trafen sich die drei Mitglieder abends zu einem frugalen

Ich verspreche Ihnen vier Arbeiten dafür, von denen ich die erste in Bälde schicken könnte
... Sie handelt über die Strahlung und die energetischen Eigenschaften des Lichtes und ist
sehr revolutionär, wie Sie sehen werden.

Was ist an dieser Arbeit so revolutionär? Schon aus den Eingangszeilen von Einsteins
Arbeit wird deutlich, wie sehr ihn eine offensichtliche Inkohärenz in der Naturbeschreibung bekümmerte: das gleichzeitige Auftreten von kontinuierlichen und diskreten Größen.
Die Feldstärken des elektromagnetischen Feldes sind kontinuierliche Funktionen und werden durch die Maxwellschen Gleichungen empirisch erfolgreich beschrieben. Die Materie
hingegen besteht aus einer endlichen Anzahl von Atomen und ist deshalb von diskreter
Natur. Einstein leitet seinen Artikel mit den folgenden Sätzen ein (Einstein 1905, S. 132):

> Zwischen den theoretischen Vorstellungen, welche sich die Physiker über die Gase und an-
> dere ponderable Körper gebildet haben, und der MAXWELLschen Theorie der elektroma-
> gnetischen Prozesse im sogenannten leeren Raume besteht ein tiefgreifender formaler Unter-
> schied. Während wir uns nämlich den Zustand eines Körpers durch die Lagen und Geschwin-
> digkeiten einer zwar sehr großen, jedoch endlichen Anzahl von Atomen und Elektronen für
> vollkommen bestimmt ansehen, bedienen wir uns zur Bestimmung des elektromagnetischen
> Zustandes eines Raumes kontinuierlicher räumlicher Funktionen ...

Diese Diskrepanz in den Rollen von Feldern und Materie wird ihn sein ganzes Leben
beschäftigen. Seine späteren Versuche zur Konstruktion einer einheitlichen Feldtheorie
sind zu einem großen Teil durch den Wunsch geprägt, eben diese Diskrepanz zu besei-
tigen. Im Jahre 1905 führte er den heuristischen Gesichtspunkt[4] ein, daß nicht nur die
Energie der Materie sondern auch die Energie der elektromagnetischen Stahlung diskon-
tinuierlich verteilt seien. Diese Annahme dient vornehmlich dem Zweck, Beobachtungen
besser beschreiben zu können. Zu diesen Beobachtungen zählen die Hohlraumstrahlung
und der photoelektrische Effekt, der Freisetzung von Elektronen aus einem Metall durch
die Einstrahlung von ultraviolettem Licht. Einstein schreibt dazu (Einstein 1905, S. 133):

> Es scheint mir nun in der Tat, daß die Beobachtungen ... besser verständlich erscheinen
> unter der Annahme, daß die Energie des Lichtes diskontinuierlich im Raume verteilt sei.
> Nach der hier ins Auge zu fassenden Annahme ist bei Ausbreitung eines von einem Punkte
> ausgehenden Lichtstrahles die Energie nicht kontinuierlich auf größer und größer werdende
> Räume verteilt, sondern es besteht dieselbe aus einer endlichen Zahl von in Raumpunkten
> lokalisierten Energiequanten welche sich bewegen, ohne sich zu teilen und nur als Ganze
> absorbiert und erzeugt werden können.

Mahl mit einem Zipfel Wurst, einem Stück Greyerzer Käse, etwas Obst, Honig und Tee. Das genügte
aber, wie sich Solovine erinnerte, daß sie ‚dabei vor Heiterkeit überschäumten'." (Fölsing 1993,
S. 119).

[4] Dies wird bereits durch den Titel der Arbeit betont. Unter einem heuristischen Gesichtspunkt oder
Prinzip versteht der Duden eine „Arbeitshypothese oder vorläufige Annahme als Hilfsmittel der
Forschung" (das griechische Wort *heurískein* bedeutet etwa „finden"). Ein bekanntes Beispiel ist
die Archimedes zugeschriebene Entlarvung einer vorgeblich aus reinem Gold angefertigten Krone
als Schwindel; hierzu benutzte er das nach ihm benannte Prinzip, das er der Legende nach beim
Baden gefunden und mit dem Ausdruck *Heureka* („Ich habe es gefunden") bedacht hatte.

Aus dem hier auftauchenden Begriff der Energiequanten sollte sich später der Name Quantentheorie entwickeln. Einstein kannte natürlich die Pionierarbeiten Max Plancks aus dem Jahr 1900; so weiß man aus seinen Briefen an Mileva, daß er sich bereits seit 1901 mit ihnen beschäftigt hat.

Planck hatte in seinem berühmten Vortrag vor der Deutschen Physikalischen Gesellschaft am 14. Dezember 1900 eine Ableitung seines Strahlungsgesetzes für die Hohlraumstrahlung vorgestellt.[5] Unter Hohlraumstrahlung versteht man die elektromagnetische Strahlung in einem von Wänden umschlossenen Hohlraum (zum Beispiel einem Ofen), die dadurch entsteht, daß man die Wände auf eine konstante Temperatur T erwärmt. Der Physiker Gustav Robert Kirchhoff, von Abraham Pais als Großvater der Quantentheorie bezeichnet, hatte bereits 1859 geschlossen, daß die Hohlraumstrahlung durch eine Energiedichte $\rho(\nu, T)$ beschrieben werden könne, die eine materialunabhängige Funktion der Frequenz ν der Strahlung[6] und der Temperatur T ist. Die Aufgabe an die Physiker bestand nun darin, diese Energiefunktion zu finden. Wie sich herausstellen sollte, war dies eine überaus schwierige und langwierige Aufgabe! Auch Planck widmete sich ihr. Um zu einer Lösung zu gelangen, mußte er freilich von liebgewonnenen Überzeugungen und einem großen Teil seines bisherigen Forschungsprogramms abrücken. Es blieb ihm nichts anderes übrig, als die statistischen Überlegungen seines Wiener Kollegen und Widersachers Ludwig Boltzmann in die Suche nach dieser Funktion einzubeziehen. Planck stand bisher dem Atomismus skeptisch gegenüber und sah keinen Platz für eine zentrale Rolle der Statistik in der Physik. Jetzt sah er sich gezwungen, eine Kehrtwendung zu vollführen.

Planck benutzte als Modell für die Hohlraumwände einfache Oszillatoren („Resonatoren"), was ja wegen der Unabhängigkeit der Strahlung von der Beschaffenheit der Wände sinnvoll war; damit konnte man gut rechnen. Für seine Rechnung wählte er einen Umweg über die Entropie. Er wußte zwar, wie die Strahlungsenergie mit der mittleren Energie eines Resonators zusammenhängt, hatte aber keine Vorstellung davon, wie diese Resonatorenergie aussieht. Er hatte indes eine Vorstellung davon, wie man die Entropie der Resonatoren berechnen könnte, nämlich durch die auf Boltzmann zurückgehende statistische Definition der Entropie als die mit einem gegebenen makroskopischen Zustand verträgliche Anzahl der mikroskopischen Realisierungen. Im konkreten Fall mußte die Gesamtenergie E auf die einzelnen Resonatoren verteilt werden. Falls die Energie kontinuierlich verteilt wäre, ergäben sich für diese Verteilung unendlich viele Möglichkeiten und somit ein unsinniges Resultat für die Entropie. Planck versuchte deshalb den heuristischen Ansatz, eine kleinstmögliche Energiemenge zu postulieren und dadurch zu endlich vielen Verteilungsmöglichkeiten zu gelangen. Der entscheidende Satz in seinem Vortrag lautet (Planck 1900, S. 239):

---

[5] Die Geschichte, die zu Plancks Entdeckung führte, ist oft erzählt worden. Eine lesenswerte Zusammenfassung bietet Giulini (2005).

[6] Die Hohlraumstrahlung ist durch eine bestimmte Verteilung der Energie über alle Frequenzen – ein sogenanntes Energiespektrum – gekennzeichnet.

Wenn E als unbeschränkt teilbare Grösse angesehen wird, ist die Verteilung auf unendlich viele Arten möglich. Wir betrachten aber – und dies ist der wesentlichste Punkt der ganzen Berechnung – E als zusammengesetzt aus einer ganz bestimmten Anzahl endlicher gleicher Teile und bedienen uns dazu der Naturconstanten $h = 6{,}55 \cdot 10^{-27}$[erg × sec]. Diese Constante mit der gemeinsamen Schwingungszahl v der Resonatoren multiplicirt ergiebt das Energieelement ϵ in erg, und durch Division von E durch ϵ erhalten wir die Anzahl P der Energieelemente, welche unter die N Resonatoren zu verteilen sind.

Hier erscheint also zum erstenmal das von Einstein so genannte Energiequantum

$$\epsilon = h v; \tag{1.1}$$

die Konstante h hat man später zu Plancks Ehren das Plancksche Wirkungsquantum getauft. Mit diesen Überlegungen leitet Planck seine berühmte Strahlungsformel für die Energiedichte der Hohlraumstrahlung ab.

Einstein erwähnt in seiner Arbeit von 1905 zwar die Plancksche Strahlungsformel, kommt aber durch völlig unabhängige Betrachtungen auf seine Lichtquantenhypothese. Ausgangspunkt ist die Wiensche Strahlungsformel, die zwar nicht exakt gilt, doch für hohe Frequenzen die Beobachtungen sehr gut wiedergibt. Einstein betrachtet die Strahlung in einem Hohlraum, die mit geladenen Oszillatoren in den Wänden bei einer Temperatur T im Gleichgewicht steht. Er findet, daß die aus dem Wienschen Gesetz sich ergebende Entropie die gleiche Form hat wie die Entropie eines idealen Gases. Er zeigt dann, daß sich diese Entropie ganz im Sinne von Boltzmanns statistischen Überlegungen interpretieren läßt. Wendet man nämlich Boltzmanns Formel an, so läßt sich die Entropie der Strahlung direkt schreiben als die Entropie eines Gases, das aus Teilchen der Energie ϵ besteht. Einstein kommt zu dem Schluß (Einstein 1905, S. 143):

> Monochromatische Strahlung von geringer Dichte (innerhalb des Gültigkeitsbereiches der WIENschen Strahlungsformel) verhält sich in wärmetheoretischer Beziehung so, wie wenn sie aus voneinander unabhängigen Energiequanten von der Größe $h v$ bestünde.[7]

Einstein wendet sodann seine Lichtquantenhypothese auch auf die Wechselwirkung von Licht mit Materie an und zeigt insbesondere, daß sich damit der photoelektrische Effekt auf natürliche Weise erklären läßt. In dieser Arbeit kommt die unabhängige Schöpferkraft Einsteins voll zum Vorschein.[8] In einer Folgearbeit aus dem Jahr 1906 nimmt Einstein zu Planck deutlicher Stellung. Er zeigt, daß dieser bei der Ableitung seiner Strahlungsformel die Lichtquantenhypothese implizit benutzt hat sowie die Tatsache, daß die Energie eines Resonators ein Vielfaches von $h v$ ist. Einstein schreibt (Einstein 1906, S. 203):

---

[7] In Einsteins Arbeit steht statt $h v$ der äquivalente Ausdruck $R\beta v/N$. Es sei auch betont, daß diese voneinander unabhängigen Energiequanten noch *nicht* die späteren Photonen sind, die der Bose-Einstein-Statistik genügen; diese sind nämlich nicht voneinander unabhängig.

[8] „Darin ist jedermann einig, daß Genie dem NACHAHMUNGSGEISTE gänzlich entgegenzusetzen sei." (I. Kant, *Kritik der Urteilskraft*, § 47)

Die vorstehenden Überlegungen widerlegen nach meiner Meinung durchaus nicht die PLANCKsche Theorie der Strahlung; sie scheinen mir vielmehr zu zeigen, daß Hr. PLANCK in seiner Strahlungstheorie ein neues hypothetisches Element – die Lichtquantenhypothese – in die Physik eingeführt hat.

Planck selbst wollte diese Hypothese nicht akzeptieren; zumindest im wechselwirkungsfreien Fall hat er nie an der Gültigkeit der Maxwellschen Gleichungen mit ihren kontinuierlichen Feldstärken gerüttelt. Die Lichtquantenhypothese traf freilich in jener Zeit bei der Mehrheit der Physiker auf Ablehnung. Der Grund dafür liegt natürlich darin, daß diese Hypothese mit den Maxwellschen Gleichungen nicht zu vereinbaren ist. In diese Gleichungen hatten die Physiker aber großes Vertrauen, da sie eine Unzahl von Phänomenen richtig beschrieben. Und stehen nicht gerade die beobachteten Interferenzerscheinungen im Widerspruch zu einem Teilchenbild des Lichtes? Einstein war sich dessen wohlbewußt, weshalb er seine Arbeit in dem oben zitierten Brief auch als „sehr revolutionär" bezeichnet. Natürlich hat er nicht daran gezweifelt, daß die Maxwellschen Gleichungen im makroskopischen Bereich eine sehr gute Näherung darstellen. Für seine im gleichen Jahr entstandene Spezielle Relativitätstheorie ist diese Gültigkeit ja von zentraler Bedeutung.

Es sollten noch einige Jahre vergehen, bis die Lichtquantenhypothese allgemein akzeptiert wurde. Der amerikanische Physiker Robert Millikan konnte 1916 den photoelektrischen Effekt präzise messen und dadurch die Einsteinsche Hypothese bestätigen. Erst durch die Experimente von Arthur Compton zu den nach ihm benannten Effekt im Jahr 1923 verstummte die Kritik an den Lichtquanten. Dabei geht es um die Streuung von Licht an Elektronen, deren beobachtete Stärke sich nur dadurch erklären läßt, daß man Licht auch einen Teilchencharakter zuweist. In einem letzten Versuch, ohne die Lichtquantenhypothese auszukommen, waren die drei Physiker Bohr, Kramers und Slater noch 1924 dazu bereit, im mikroskopischen Bereich selbst den Satz von der Erhaltung der Energie aufzugeben – ein vergebliches Unterfangen, wie sich schon kurz darauf herausstellte. Unter dem 1926 zum erstenmal aufgetauchten Namen *Photon* ist das Lichtteilchen heute ein zentraler Begriff der Physik. Es ist eine Ironie der Geschichte, daß Einstein den (1922 verliehenen) Nobelpreis von 1921 in erster Linie seiner Lichtquantenhypothese zu verdanken hat, und nicht etwa der Relativitätstheorie.

Daß weder das Teilchen- noch das Wellenbild für sich genommen ausreichen, alle optischen Phänomen zu erklären, hat Einstein 1909 eindrücklich vor Augen geführt. In seiner Arbeit „Zum gegenwärtigen Stand des Strahlungsproblems" berechnet er die Energieschwankungen der Hohlraumstrahlung in einem kleinen Frequenzintervall zwischen ν und $\nu + \Delta\nu$ und einem kleinen Volumen V. Er findet

$$(\Delta E)^2 = h\nu E + \frac{c^3}{8\pi\nu^2 \Delta\nu} \frac{E^2}{V} , \qquad (1.2)$$

wobei E die mittlere Energie der Strahlung in diesem Volumen und für dieses Frequenzintervall und c die Lichtgeschwindigkeit bezeichnen. Der erste Term auf der rechten Seite

ist eine direkte Folge der Lichtquanten mit Energie $h\nu$; der zweite Term ist eine Vorhersage der klassischen Elektrodynamik. Der erste Term entspricht also dem Teilchen-,
der zweite dem Wellenbild. Beide Bilder werden für das korrekte Ergebnis benötigt. Das
ist der Ursprung des *Welle-Teilchen-Dualismus*, eines heuristischen Prinzips, das für die
Entwicklung der Quantentheorie eine wesentliche Rolle gespielt hat, mit Nachwirkungen
noch in den Auseinandersetzungen Bohrs mit der EPR-Arbeit 1935 und selbst heute.[9]

Einstein hat zu den Zeiten der „alten Quantentheorie" von 1900 bis 1925 noch weitere bedeutende Arbeiten zu dieser Theorie vollendet, deren Diskussion aber für die hier
im Mittelpunkt stehende EPR-Arbeit nicht weiter benötigt wird. Bereits 1907 hat er die
Energiequantisierung für Oszillatoren in einem Festkörper betrachtet, um hiermit dessen
spezifische Wärme zu berechnen. Es ergaben sich bei kleinen Temperaturen deutliche Abweichungen von der aus der klassischen Physik folgenden Regel von Dulong und Petit.
Daß es solche Abweichungen tatsächlich gibt, konnte Walther Nernst 1911 experimentell bestätigen. Nernst bemerkt dazu: „Daß in ihrer Gesamtheit die Beobachtungen eine
glänzende Bestätigung der Quantentheorie von Planck und Einstein erbringen, liegt auf
der Hand."[10] Weitere Arbeiten betreffen die Emission und Absorption von Strahlung in
Atomen und damit verknüpft eine neue Ableitung des Planckschen Strahlungsgesetzes
(1917), die Diskussion von verallgemeinerten Quantisierungsbedingungen (1917) sowie
sein Beitrag zur Ableitung der sogenannten Bose-Einstein-Statistik für Bosonen, das sind
Teilchen mit ganzzahligem Spin (1924/25). Darstellungen dieser Beiträge finden sich unter anderem in Pais (2009) und Pauli (1979a).

Wie Don Howard ausgeführt hat, haben Einsteins Arbeiten zur (später so genannten)
Bose-Einstein-Statistik einige Bedeutung für seine Einstellung gegenüber der Quantentheorie. Die Gültigkeit dieser Statistik macht nämlich unmißverständlich klar, daß es sich
bei den Photonen (und anderen „Teilchen" oder Molekülen) um keine klassischen Teilchen mehr handeln kann; ihr Verhalten ist nicht mehr unabhängig voneinander.[11] In seiner
zweiten Abhandlung zu diesem Thema schreibt Einstein:

> Daß bei dieser Rechnungsweise die Verteilung der Moleküle unter die Zellen nicht als ei-
> ne statistisch unabhängige behandelt ist, ist leicht einzusehen. ... Die Formel drückt also
> indirekt eine gewisse Hypothese über eine gegenseitige Beeinflussung der Moleküle von vor-
> läufig ganz rätselhafter Art aus ... (Einstein 1925, S. 6)

Die hier angesprochene rätselhafte gegenseitige Beeinflussung ist vielleicht das erste Indiz auf eine Fernwirkung, die der quantenmechanische Formalismus ermöglichen
könnte. In der EPR-Arbeit wird es um den Ausschluß einer Fernwirkung gehen. Von einer

---

[9] Siehe zum Welle-Teilchen-Dualismus und seines Schicksals in der vollendeten Quantentheorie
auch Zeh (2013).

[10] Zitiert nach Stachel 2001, S. 196.

[11] „Nach Bose hocken die Moleküle relativ häufiger zusammen als nach der Hypothese der statistischen Unabhängigkeit der Moleküle." (Einstein an Schrödinger, 28. 2. 1925, siehe von Meyenn
(2011), S. 102).

Fernwirkung kann man in diesem Zusammenhang freilich nur reden, wenn man in (unterscheidbaren) Teilchen denkt und nicht etwa in Wellenpaketen. Das war bei Einstein 1925 wohl der Fall. Ansonsten hätte er eigentlich zur Vermeidung einer Fernwirkung schließen müssen, daß Photonen keine Teilchen sind, sondern (wie von Planck so eingeführt) Energiequanten des Feldes, deren Zustand sich unter Permutationen nicht ändert.

Nach 1925 hat sich Einstein nicht mehr an der formalen Weiterentwicklung der Quantentheorie beteiligt, sondern diese mit seiner begrifflichen Kritik begleitet. Vielleicht liegt der Ursprung dieser Kritik bereits in seinen Arbeiten zur Bose-Einstein-Statistik.

Wir wollen zum Schluß noch eine Bemerkung Einsteins herausstellen, die mit dem Verhältnis von Gravitation und Quantentheorie zu tun hat. Nach der Vollendung seiner Allgemeinen Relativitätstheorie im Jahre 1915 hat Einstein bereits im darauf folgenden Jahr erkannt, daß seine neue Theorie die Existenz von Gravitationswellen vorhersagt, in Analogie zu elektromagnetischen Wellen. Die Aussendung elektromagnetischer Strahlung führt dazu, daß in einem klassischen Atommodell, in dem Elektronen um Kerne sausen, das Atom instabil wird, da die Elektronen wegen der Aussendung von Energie in den Kern stürzen. Die Quantentheorie modifiziert das klassische Bild und verhindert die Instabilität. Das gleiche sollte deshalb bezüglich der Gravitationswellen gelten. Einstein schreibt deshalb:

Gleichwohl müßten die Atome zufolge der inneratomischen Elektronenbewegung nicht nur elektromagnetische, sondern auch Gravitationsenergie ausstrahlen, wenn auch in winzigem Betrage. Da dies in Wahrheit in der Natur nicht zutreffen dürfte, so scheint es, daß die Quantentheorie nicht nur die Maxwellsche Elektrodynamik, sondern auch die neue Gravitationstheorie wird modifizieren müssen. (Einstein 1916)

Dies ist das früheste Zitat, das auf eine ausstehende Theorie der Quantengravitation verweist, vgl. Kap. 6.

1.2 Interpretationen der Quantentheorie vor 1935

Der heute akzeptierte Formalismus der Quantenmechanik wurde im wesentlichen in den Jahren 1925 bis 1927 geschaffen. Es handelte sich in dieser Hinsicht um eine ungewöhnlich intensive und kreative Zeit. Neben den bereits etablierten Wissenschaftlern Max Born und Erwin Schrödinger trugen hierzu vor allem Vertreter einer sehr jungen Generation von Physikern bei: Werner Heisenberg, Wolfgang Pauli, Paul Dirac und Pascual Jordan.

Die Quantenmechanik wurde zuerst in einer recht unanschaulichen Form formuliert, die man als Matrizenmechanik bezeichnet. Eine, wie sich bald herausstellte, äquivalente Darstellung stammt von dem österreichischen Physiker Erwin Schrödinger. Im Jahre 1923 hatte der französische Physiker Louis de Broglie die Quantenhypothese von Planck und Einstein auf jegliche Form von Materie erweitert. Jedem Teilchen wird demnach eine Frequenz und eine Wellenlänge zugeordnet, die man auch als de Broglie-Wellenlänge bezeichnet. Die Frequenz ν ist mit der Energie des Teilchens gemäß (1.1) verknüpft; die de Broglie-Wellenlänge λ mit dem Impuls p des Teilchens über

$$p = \frac{h}{\lambda}.$$ (1.3)

Nachdem Schrödinger an seinem damaligen Wirkungsort Zürich über die Arbeiten de Broglies referiert hatte, stellte sich die Frage nach der Existenz einer Wellengleichung für die de Broglieschen Materiewellen. Schrödinger gelang es, diese Gleichung in seinem Weihnachtsurlaub 1925/26, den er mit einer unbekannt gebliebenen Geliebten in den Schweizer Bergen verbrachte, zu finden. Die Gleichung heißt seitdem Schrödinger-Gleichung und ist eine der berühmtesten Gleichungen des 20. Jahrhunderts. Sie lautet

$$\mathrm{i}\hbar \frac{\partial \Psi}{\partial t} = H \Psi.$$ (1.4)

Auf der linken Seite stehen die imaginäre Einheit i, das Plancksche Wirkungsquantum in der heute üblicherweise benutzten umdefinierten Form $\hbar = h/2\pi$ sowie die Ableitung der Wellenfunktion Ψ nach der Zeit; mit der Wellenfunktion lassen sich alle „Teilchen" im atomaren Bereich beschreiben. Auf der rechten Seite findet man die Anwendung einer Größe H auf die Wellenfunktion; H heißt Hamilton-Operator und ist die quantenmechanische Entsprechung der klassischen Energie.

Die in (1.4) aufscheinende Wellenfunktion wird eine zentrale Rolle bei der Diskussion der Arbeit von Einstein, Podolsky und Rosen spielen. Es handelt sich hier in der Regel *nicht* um eine Größe, die eine Welle im normalen dreidimensionalen Raum beschreibt. Sie ist vielmehr in einem höherdimensionalen Raum definiert, den man als Konfigurationsraum bezeichnet. So hat dieser Raum nur für ein Teilchen drei Dimensionen, für zwei Teilchen aber sechs, für drei Teilchen neun Dimensionen und so weiter. Ob ein Quantenobjekt im normalen Raum eher Teilchen- oder eher Wellencharakter hat, ergibt sich aus der ihm zugeschriebenen Wellenfunktion Ψ im Konfigurationsraum, siehe Abschn. 5.4. So werden etwa „Teilchen" durch enge Wellenpakete beschrieben.

Seit den Arbeiten von Max Born 1926 wird die Wellenfunktion im allgemeinen als „Wahrscheinlichkeitsamplitude" interpretiert. Das Betragsquadrat von Ψ gibt die Wahrscheinlichkeit dafür an, bei einer „Messung" eine klassische Größe, zum Beispiel Ort oder Impuls, in einem bestimmten Intervall zu finden. Was eine Messung ist und was sie von anderen Wechselwirkungen unterscheidet, gehört zu den zentralen Fragen in jeder Diskussion um die Interpretation der Quantentheorie.

Die Beschreibung durch Wellenfunktionen setzt fundamentale Schranken an die gleichzeitige genaue Meßbarkeit von Größen wie Ort und Impuls. Ausgedrückt wird diese Beschränkung durch die berühmten Unschärfe- oder Unbestimmtheitsrelationen, die Werner Heisenberg 1927 formulierte. Diese Tatsache wird in der EPR-Arbeit von Bedeutung sein.

Eine interessante Sonderrolle in der Geschichte der Quantentheorie spielt der dänische Physiker Niels Bohr. Seine Beiträge zur formalen Entwicklung finden sich ausschließlich in der sogenannten „alten Quantentheorie". Darunter versteht man die Entwicklung vor 1925, die in erster Linie von heuristischen Vorstellungen geprägt war, von einem kreativen Vorwärtstasten auf der Suche nach einer konsistenten und empirisch erfolgreichen Theorie für atomare Phänomene. Neben den oben diskutierten Pionierleistungen von Planck und Einstein sind hier die Beiträge von Arnold Sommerfeld, Louis de Broglie und vor allem eben von Niels Bohr zu nennen.[12]

Bohr wurde berühmt durch seine Trilogie von Arbeiten, die 1913 im britischen Fachblatt *Philosophical Magazine* erschienen. Nach seiner Promotion 1911 war Bohr unter anderem bei Ernest Rutherford in Manchester gewesen, der in epochemachenden Experimenten herausgefunden hatte, daß sich die Elektronen im Atom um einen praktisch punktförmigen, positiv geladenen Kern bewegen. Im Rahmen der klassischen Elektrodynamik würden die Elektronen auf kontinuierlichen Bahnen um den Kern sausen, dabei Energie abstrahlen und dann unweigerlich in den Kern fallen – die Stabilität der Materie bleibt in der klassischen Physik ein Mysterium. Um die Stabilität der Atome zu gewährleisten, postulierte Bohr ad hoc die Existenz von diskreten Energieniveaus für die Elektronen im Atom. Übergänge („Quantensprünge") zwischen diesen Niveaus sollen möglich sein, wobei beim Übergang von einem Zustand größerer Energie E_2 auf einen Zustand kleinerer Energie E_1 ein Lichtquant nach der Planckschen Formel (1.1) abgestrahlt werden soll,

$$E_2 - E_1 = h\nu.$$

Insbesondere soll es einen Zustand niedrigster Energie (den Grundzustand) geben, der stabil ist und in dem keine Aussendung von Lichtquanten mehr möglich ist. In seiner Ableitung der Planckschen Strahlungsformel von 1917 machte Einstein ganz wesentlich von diesen Bohrschen Ideen Gebrauch.

Auch das Bohrsche Modell fußt auf heuristischen Vorstellungen. Immerhin ist es möglich, auf seiner Grundlage die Spektrallinien des Wasserstoffatoms zu beschreiben; auf kompliziertere Atome ist es nur beschränkt anwendbar. In seinen Überlegungen wandte Bohr ein heuristisches Prinzip an, das er einige Jahre später als *Korrespondenzprinzip* bezeichnen sollte (Jammer 1966, Bokulich 2010). Damit ist gemeint, daß die Modelle der alten Quantentheorie insofern zur klassischen Physik korrespondieren sollen, daß in einem geeigneten Limes die klassischen Gleichungen wieder als Näherungen folgen müssen. Eigentlich ist das eine Selbstverständlichkeit; schließlich wissen wir, daß die klassischen Gleichungen in dem ihnen zukommenden Rahmen gültig sind. Wie sich der klassische Grenzfall in der vollendeten Quantentheorie ergibt, werden wir in Abschn. 5.4 kennen lernen. Später schreibt Bohr hierzu im Zusammenhang mit den Wahrscheinlichkeiten, die schon in der alten Quantentheorie auftraten (Bohr 1949, S. 87):

Bei der Beurteilung solcher Wahrscheinlichkeiten war die einzige Grundlage die im Korrespondenzprinzip ausgedrückte Suche nach einer möglichst engen Verbindung zwischen der

---

[12] Für eine ausführliche Geschichte der „alten Quantentheorie" sei auf das kenntnisreiche Buch von Max Jammer verwiesen (Jammer 1966).

statistischen Beschreibung atomarer Prozesse und den auf Grund der klassischen Theorie zu erwartenden Folgen ...

Zum Formalismus der 1925–1927 entwickelten Quantentheorie hat Bohr nichts beigetragen. Er ist allerdings die zentrale Figur bei der Entwicklung der sogenannten Kopenhagener Interpretation der Theorie. Ihren Namen verdankt diese Interpretation der Tatsache, daß sie sich aus zahlreichen Diskussionen an Bohrs Wirkungsort Kopenhagen herauskristalliert hat, insbesondere zwischen Bohr und Heisenberg. In der Rezeptionsgeschichte der EPR-Arbeit spielt die Auseinandersetzung mit Bohr und der Kopenhagener Interpretation der Quantentheorie eine wichtige Rolle, insbesondere der Begriff der *Komplementarität*, den Bohr ins Spiel brachte und von ihm in seiner Entgegnung auf die EPR-Arbeit ins Feld geführt wurde. Was bedeutet dieser Begriff, und wie ist er mit der Geschichte der Quantentheorie verknüpft?

Nach Jammer (1974, S. 91) hat Bohr bereits im Herbst des Jahres 1926 eine Vorstellung entwickelt, die zu diesem Begriff führen sollte. Zum erstenmal in der Öffentlichkeit präsentierte er seine Ideen zur Komplementarität am 16. September 1927 in der norditalienischen Stadt Como. Dort hatte sich eine illustre Runde von Physikern versammelt, um des hundertsten Todestags von Alessandro Volta zu gedenken, der in Como geboren wurde und dort gestorben ist. Zu dieser Runde gehörten neben Bohr unter anderem Max Born, Louis de Broglie, Werner Heisenberg, Wolfgang Pauli, Max Planck und Arnold Sommerfeld; von den für die Geschichte der Quantentheorie maßgeblichen Persönlichkeiten fehlten nur Einstein und Ehrenfest.

Bohrs Vortrag wurde auf deutsch im darauf folgenden Jahr in der Zeitschrift *Die Naturwissenschaften* veröffentlicht (Bohr 1928); unsere Zitate beziehen sich auf diese Version.[13] Bohrs Absicht war es, mit seinem Vortrag etwas zu der „Versöhnung der auf diesem Gebiet so stark voneinander abweichenden Ansichten beitragen [zu] können", wie es in der Einleitung seines Artikels heißt. Natürlich spielt er dabei auf die unterschiedlichen Ansichten an, die es zwischen den Proponenten der Matrizenmechanik, vor allem Heisenberg, Pauli und Born, und dem Erfinder der Wellenmechanik, Schrödinger, gab. Bohr beginnt den Artikel mit der Definition seines „Quantenpostulats", das die fundamentale Begrenzung klassischer Begriffe in der Quantentheorie zum Ausdruck bringen soll:

> ... scheint es, wie wir sehen werden, daß der Sinn der Theorie zum Ausdruck gebracht werden kann durch das sog. Quantenpostulat, wonach jeder atomare Prozeß einen Zug von Diskontinuität oder vielmehr Individualität enthält, der den klassischen Theorien vollständig fremd ist und durch das Plancksche Wirkungsquantum gekennzeichnet ist.
>
> Dieses Postulat hat einen Verzicht, betreffend die kausale raum-zeitliche Beschreibung der atomaren Phänomene zur Folge.

---

[13] Eine ausführliche Diskussion des Como-Vortrags und seiner Rezeptionsgeschichte findet sich unter anderem in Jammer (1974, S. 85–107) und in Beller (1999, Kap. 6).

Was versteht Bohr unter diesem Verzicht? Solange ein Quantensystem nicht beobachtet wird, so Bohr, ergebe eine raum-zeitliche Beschreibungsweise wegen des Quantenpostulats und der von ihm geforderten Diskontinuität von atomaren Ereignissen keinen Sinn. Hier ist Bohr noch immer von seinem alten Atommodell und den diskreten Quantensprüngen der Elektronen geprägt. Eine raum-zeitliche Beschreibung könne erst durch die Wechselwirkung mit einem äußeren System, das als Meßapparat dient, hergestellt werden. Dann verliere allerdings der Begriff der Kausalität seinen Sinn, da die Wechselwirkung mit einem äußeren (makroskopischen) System unweigerlich dazu führe, daß es zu einer unkontrollierbaren Störung des Systems komme und eine kausale Beschreibung somit unmöglich mache. Dann erscheint der Begriff der Komplementarität zum erstenmal, und zwar in adjektivischer Form (Bohr 1928, S. 18):

> Nach dem Wesen der Quantentheorie müssen wir uns also damit begnügen, die Raum-Zeit-Darstellung und die Forderung der Kausalität, deren Vereinigung für die klassischen Theorien kennzeichnend ist, als komplementäre aber einander ausschließende Züge der Beschreibung des Inhalts der Erfahrung aufzufassen ...

Später ist im Zusammenhang mit der Einführung der Komplementarität meistens von der Komplementarität zwischen Teilchen- und Wellenbeschreibung die Rede, ganz im Sinne des historischen Welle-Teilchen-Dualismus (siehe etwa Pauli (1990, S. 31f.)). Wie Mara Beller überzeugend ausgeführt hat, kommt dies aber in Bohrs Como-Vortrag nicht oder nur indirekt zum Ausdruck (Beller 1999, Kap. 6). Für Bohr geht es zunächst nur um die Komplementarität zwischen Kausalität und raum-zeitlicher Beschreibung; diese finde ihren Ausdruck unter anderem in den Unbestimmtheitsrelationen. Es gehe ihm, so Beller, vor allem darum, die Vereinbarkeit zwischen seinem Quantenpostulat und den von ihm 1913 postulierten stationären Elektronenzuständen mit Schrödingers Wellenmechanik zu belegen. Er steht in diesem Vortrag eindeutig auf der Seite des Wellenbildes, was laut Beller mit ein Grund für die später in Interpretationsfragen auftretenden Dissonanzen mit Heisenberg sein würde. Am Ende seines Aufsatzes schreibt Bohr (Bohr 1928, S. 257):

> In der Quantentheorie tritt uns diese Schwierigkeit [der Anpassung unserer ... Anschauungsformen an die allmählich vertiefte Kenntnis der Naturgesetze] sofort entgegen in der Frage der Unumgänglichkeit des dem Quantenpostulat innewohnenden Zuges von Irrationalität. Ich hoffe indessen, daß der Begriff der Komplementarität geeignet sein wird, die bestehende Sachlage zu kennzeichnen, die eine tiefe Analogie aufweisen dürfte mit den allgemeinen, in der Trennung von Subjekt und Objekt begründeten, Schwierigkeiten der menschlichen Begriffsbildung.

Etwas befremdend erscheint hier der Verweis auf die Irrationalität des Quantenpostulates – sollten in der Naturwissenschaft nicht nur rationale Postulate angewandt werden? Untypisch für Bohr ist diese Bemerkung freilich nicht. So finden sich in seinen Aufsätzen immer wieder Bemerkungen, die in diese Richtung gehen.

Damit im Zusammenhang steht auch die Bohr immer wieder vorgeworfene Unverständlichkeit seiner Aussagen. Das trifft auch auf den hier diskutierten Aufsatz zu. Jedenfalls läßt eine unverständliche Darstellung viel Raum für unterschiedliche, sich zum Teil widersprechende Textinterpretationen. Interessant in diesem Zusammenhang ist eine Bemerkung von Bohrs devotem Schüler Léon Rosenfeld,[14] der über die Arbeitsweise seines Mentors schreibt:[15]

> It was impressive to watch him thus at the height of his powers, in utmost concentration and unrelenting effort to attain clarity through painstaking scrutiny of every detail—true as ever to his favourite Schiller aphorism „Nur die Fülle führt zur Klarheit.“

Vielleicht irrt Schiller hier.

1.3 Die Bohr-Einstein-Debatte bei den Solvay-Tagungen

Einen Monat nach der Como-Konferenz, auf der Bohr seine Ideen zur Komplementarität zum erstenmal in der Öffentlichkeit vorgestellt hatte, fand in Brüssel die für die Geschichte der Quantentheorie wohl berühmteste Tagung statt, der unter Federführung von Hendrik Antoon Lorentz organisierte fünfte Solvay-Kongreß.[16] Vom 24. bis 29. Oktober 1927 traf sich dort die Crème de la Crème der Quantentheorie, darunter Planck, Einstein, Bohr, Heisenberg, Born, Dirac, Schrödinger, de Broglie und Pauli (Abb. 1.2). Offiziell stand die Tagung unter dem Thema *Elektronen und Photonen* (ein Jahr nach Einführung des Namens Photon für das Lichtquant), doch war sie in erster Linie der eben vollendeten Quantenmechanik gewidmet.[17]

Tatsächlich kommt der Solvay-Tagung eine interessante Doppelrolle zu. Zum einen markiert sie das Ende der *formalen* Entwicklung der Theorie. Born und Heisenberg verkünden am Ende ihres Berichts selbstbewußt, daß die Quantentheorie jetzt eine vollendete Theorie sei und daß ihre grundlegenden physikalischen und mathematischen Annahmen keinen Änderungen mehr unterworfen würden. Zum anderen gibt sie, zusammen mit der Como-Tagung, den Startschuß für die bis heute anhaltende Debatte um die korrekte Interpretation des Formalismus. Da es gerade darum in der Diskussion um die EPR-Arbeit gehen wird, sei den entsprechenden Beiträgen hier etwas mehr Raum gewidmet.[18] Eine zentrale Rolle spielen die Diskussionen zwischen Bohr und Einstein um die Konsistenz

[14] John Bell bezeichnet Rosenfeld als *consistent traditionalist* (Bell 2004, S. 93).

[15] Konkret geht es in dem Zitat um die Vorbereitung seiner Replik auf die EPR-Arbeit, die wir weiter unten ausführlich besprechen werden.

[16] Einstein nahm bereits an der ersten Solvay-Tagung im Jahr 1911 teil, bei der es um die frühe Entwicklung der Quantentheorie ging, siehe etwa Straumann (2011) für eine lesenswerte Darstellung von Einsteins Rolle.

[17] Eine ausführliche Behandlung dieser Tagung sowie eine englische Übersetzung der (im Original zumeist französischen) *Proceedings* bietet Bacciagaluppi und Valentini (2009).

[18] Eine sehr ausführliche Darstellung findet sich etwa in Jammer (1974), S. 109–158.

Abb. 1.2 Die Teilnehmer der Solvay-Tagung vom Oktober 1927

der Quantenmechanik, die interessanterweise nicht während des offiziellen Tagungsprogramms stattfanden, sondern in den Pausen in der Lobby des Hotels Metropole und auf Spaziergängen. Davon unten mehr.

Louis de Broglie, der als erster die Wellennatur der Materie postuliert hatte und dem wir die Beziehung (1.3) zwischen Impuls und Wellenlänge verdanken, versuchte in seinem Vortrag, Schrödingersche Wellenmechanik und Bornsche Wahrscheinlichkeitsinterpretation der Wellenfunktion Ψ mit den Beobachtungen von lokalisierten Teilchen zu vereinbaren. Dazu interpretierte er Ψ nicht nur als Wahrscheinlichkeitswelle, sondern auch als *Führungswelle* (auf französisch *onde pilote*, wörtlich Pilotenwelle), welche die in seiner Theorie vorkommenden Teilchen lenkt. In diesem Sinne wollte er zu einer deterministischen Theorie für atomare Phänomene gelangen. De Broglies Führungswelle stieß bei den Teilnehmern der Tagung allerdings auf wenig Widerhall und wurde insbesondere von Pauli heftig kritisiert. Unterstützung fand er nur von Einstein, der im Rahmen seiner Versuche zur einheitlichen Feldtheorie Teilchen als Singularitäten von Wellen verstehen wollte.[19] De Broglie ließ wegen diese Widerstandes seine Arbeit zu den Führungswellen vorerst

---

[19] Erste Ansätze hierzu finden sich bereits in Einstein (1909).

ruhen. Es sollte David Bohm vorbehalten sein, diese Ideen später weiterzuentwickeln (Abschn. 5.1).

In der allgemeinen Diskussionsrunde machte Einstein einige Bemerkungen zur Interpretation, die auch für die EPR-Arbeit von Bedeutung sind (Bacciagaluppi und Valentini (2009), S. 440–442). Er stellte zwei Sichtweisen für die Wahrscheinlichkeitsdichte $|\Psi|^2$ vor. Die eine besagt, daß diese Größe eine rein statistische Bedeutung habe, also nur Aussagen über ein ganzes Ensemble von Teilchen machen könne („Ensemble-Interpretation"). Es wird diese Interpretation sein, die Einstein nach der EPR-Arbeit favorisieren sollte. Die statistische Interpretation der Wellenfunktion steht für Einstein in Einklang mit dem in der EPR-Arbeit gemachten Schluß auf die Unvollständigkeit der Quantentheorie. Sie bietet die Möglichkeit, diese Theorie durch ein Verständnis *individueller* Prozesse zu ergänzen, sei es durch Einsteins Weg einer vereinheitlichten Feldtheorie, sei es durch die spätere Suche nach verborgenen Variablen.

In der alternativen Sichtweise wird die Wellenfunktion individuell interpretiert. Nur diese Interpretation garantiere, so Einstein, die exakte Gültigkeit der Erhaltung von Energie und Impuls bei elementaren Prozessen. Dann, so Einstein weiter, sei es aber nicht verständlich, warum $|\Psi|^2$, sofern die Wahrscheinlichkeitsdichte für ein einzelnes Teilchen beschreibend, beispielsweise auf einer Photoplatte an einem Ort lokalisiert ist und nicht, wie es dem Charakter einer Welle angemessen wäre, an mehreren Orten auf der Platte. Einstein sieht in der Lokalisierung eine Fernwirkung, die in Widerspruch zur Relativitätstheorie steht. Aus diesem Grund sympathisiert er mit de Broglies Vorstellung einer Führungswelle, die ein zusätzliches Teilchen führt. Der tiefere Grund für das Unbehagen an dieser zweiten Interpretation ist die Tatsache, daß Ψ nicht im dreidimensionalen Ortsraum, sondern im höherdimensionalen Konfigurationsraum definiert ist. Harvey Brown betont, daß sich Einstein in seinen publizierten (Diskussions-)beiträgen zu dem Konferenzbericht nicht gegen die Unschärferelationen wendet, sondern in gewissem Sinne die Argumente der EPR-Arbeit vorwegnimmt (Brown 1981).

Von der Debatte zwischen Einstein und Bohr um die Konsistenz der Quantentheorie wissen wir nur durch den späteren Bericht von Bohr in dem von Schilpp zu Einsteins Ehren herausgegebenen Sammelband (Bohr 1949). Dieser Bericht ist eingebettet in die Ausführung seines Komplementaritätsgedankens, der gerade durch die Rezeption der EPR-Arbeit einige Wandlungen erfahren hatte. Obwohl er deshalb den Geist der Diskussionen von 1927 und 1930 nicht getreu widerspiegelt, gibt dieser Bericht dennoch wertvolle Aufschlüsse über die unterschiedlichen Sichtweisen von Einstein und Bohr. Allerdings geht wohl vor allem Bohrs Bericht über die Diskussionen von 1930 am Kern der Sache vorbei (Howard 1990, S. 91ff.; Brown 1981); wir kommen unten darauf zurück.

Einstein und Bohr waren sich im April 1920 anläßlich Bohrs Berlinbesuch zum erstenmal begegnet. Schon damals hatten die beiden unterschiedliche Vorstellungen zur Quantentheorie, nicht zuletzt zur Lichtquantenhypothese, die Bohr zu jener Zeit nicht akzeptieren wollte. (Erst später unter dem Eindruck von Experimenten änderte er seine Meinung.) Beide waren jedoch voneinander stark beeindruckt und begegneten sich mit großem Respekt.[20] Die Diskussionen setzten sich bei einem Treffen fort, das im Dezember 1925 im niederländischen Leiden stattfand und bei dem der seit 1912 dort arbeitende österreichische Physiker Paul Ehrenfest eine wichtige Vermittlerrolle spielte.

Die Diskussionen zwischen Einstein und Bohr auf der Solvay-Tagung können nicht verstanden werden ohne ein anderes Ereignis des Jahres 1927 – dem Erscheinen von Heisenbergs Arbeit zur Unbestimmtheitsrelation, die am 23. März 1927 bei der damals führenden *Zeitschrift für Physik* eingegangen war (Heisenberg 1927).[21] Heisenberg zeigt auf, daß es eine prinzipielle Schranke an die gleichzeitigen „Unschärfen" zwischen Ort x und Impuls p gibt. Das hat natürlich damit zu tun, daß es in der Quantenmechanik keine klassischen Bahnen mehr gibt, wofür man ja die gleichzeitige Bestimmtheit von Ort und Impuls annehmen müßte. Bezeichnen Δp und Δx diese Unschärfen, so gilt (in moderner Schreibweise)

$$\Delta p \cdot \Delta x \geq \frac{\hbar}{2}. \tag{1.5}$$

Es ist wieder das Plancksche Wirkungsquantum $\hbar$, das für diese fundamentale Schranke verantwortlich ist. Heisenberg präsentiert auch eine Unschärferelation zwischen Energie E und Zeit t:

$$\Delta E \cdot \Delta t \geq \frac{\hbar}{2}. \tag{1.6}$$

Einstein wußte schon früh von Heisenbergs Arbeit, da er das Manuskript in einem Brief von Bohr im April 1927 erhalten hatte. Es überrascht nicht, daß diese Arbeit Einstein Unbehagen bereitete. Die prinzipielle Unkenntnis der gleichzeitigen Werte von Ort und Impuls verhindert eine raumzeitliche Beschreibung von Teilchenbahnen, an welcher Einstein aber festhalten wollte. Er grübelte deshalb über Gedankenexperimente nach, die aufzeigen sollten, daß Heisenbergs Relationen umgangen werden können. Darum ging es in den Diskussionen mit Bohr im Hotel Metropole.

Einstein diskutiert die Unbestimmtheitsrelation (1.5) zwischen Ort und Impuls.[22] In einem der Gedankenexperimente betrachtet er zwei Blenden und einen Schirm (Abb. 1.3). In der ersten Blende gibt es einen Spalt, durch den Teilchen mit der de Broglie-Wellenlänge λ fallen. Der entscheidende Teil ist die zweite Blende. Diese ist an einer Feder frei aufgehängt und weist zwei Spalte (einen Doppelspalt) auf, die durch den Abstand a voneinander getrennt sind. Da das Teilchen durch eine quantenmechanische Wellenfunktion beschrieben wird, kommt es zu Interferenzerscheinungen, die man auf dem Schirm beobachten kann (z. B. durch Schwärzung einer Photoplatte). Das Interferenzmuster besteht aus Maxima und Minima, die jeweils den Abstand λ/a haben. Da man hiermit also die Wellenlänge λ messen kann, läßt sich aus (1.3) der Teilchenimpuls bestimmen. Soweit, so gut. Einstein

---

[20] Vgl. hierzu Jammer (1974), S. 123.

[21] Heisenberg selbst spricht in dieser Arbeit nicht von Unschärfe oder Unbestimmtheit, sondern von Ungenauigkeit.

[22] Hierzu finden sich in der Literatur unzählige Zusammenfassungen, z. B. in Jammer (1974, Kap. 6), die aber letzten Endes auf dem Bericht in Bohr (1949) beruhen.

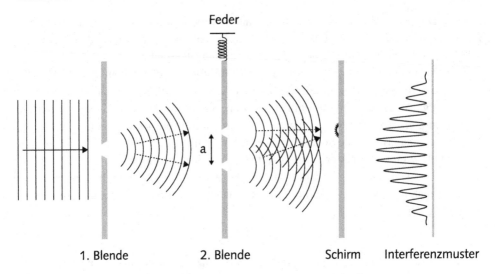

1. Blende   2. Blende   Schirm   Interferenzmuster

Abb. 1.3 Illustration des Gedankenexperiments zur Ort-Impuls-Unschärfe

argumentiert nun wie folgt. Da die zweite Blende an einer Feder hängt, ist diese in vertikaler Richtung frei beweglich. Durch die Bewegung läßt sich deshalb der Impulsübertrag des Teilchens beim Durchgang durch die Blende messen. Dieser Übertrag hängt aber davon ab, durch welchen Spalt das Teilchen gegangen ist. Man besäße dann zusätzlich zu dem Interferenzmuster (woraus sich die Information über den Teilchenimpuls ergibt) genaue Kenntnis über den Ort des Teilchens – im Widerspruch zur Unschärferelation (1.5).

Dies bereitete Bohr zunächst Kopfzerbrechen. Nach einer schlaflosen Nacht konnte er jedoch am anderen Morgen Einstein die Auflösung des scheinbaren Widerspruchs zu (1.5) verkünden. Den Schlüssel hierzu bot die Anwendung der Unschärferelation (1.5) nicht nur auf das Teilchen, sondern auch auf die zweite Blende, also auf ein makroskopisches Objekt. Diese Einsicht von Bohr stellte natürlich eine völlig neuartige Erkenntnis dar, da sie die bisher als selbstverständlich angenommene Trennung von Mikro- und Makrophysik aufhebt. Nach Erscheinen der EPR-Arbeit wird er diesen Punkt nicht mehr vertreten.

Bohr konnte nun zeigen, daß eine Impulsmessung der Blende, die so genau ist, daß sie die Bestimmung des Spaltes erlaubt, durch den das Teilchen gegangen ist, das Interferenzmuster auf dem Schirm und damit die Information über den Impuls zerstört; die Unschärferelation war gerettet. Einstein gab sich, zumindest für den Augenblick, geschlagen. Natürlich ist hier Einstein noch dem klassischen Teilchenbild verhaftet, wonach es tatsächlich ein Teilchen in Form eines Kügelchens gibt, das nur durch einen der Spalte gehen kann. In der Quantentheorie werden hingegen alle Objekte durch Wellenfunktionen beschrieben; das „Teilchen" geht also gleichzeitig durch beide Spalte.

Daß sich ein klassisches Teilchenbild nicht mehr konsistent durchhalten läßt, war eigentlich schon vor Aufstellung der Unbestimmtheitsrelationen klar. So heißt es in einer berühmten Stelle aus einem Brief von Pauli an Heisenberg vom 19. Oktober 1926 (Pauli 1979b):

> Es ist immer dieselbe Sache: es gibt wegen Beugung keine beliebig dünnen Strahlen in der Wellenoptik des ψ-Feldes ... Man kann die Welt mit dem p-Auge und man kann sie mit dem q-Auge ansehen, aber wenn man beide Augen zugleich aufmachen will, dann wird man irre.

Man kann zwar in manchen Situationen Wellenpakete konstruieren, die sich eng um eine klassische Bahn schmiegen, doch niemals die Bahn selbst; eine solche Bahn gibt es in der Quantentheorie nicht.

Eine moderne Ausführung des Bohr-Einstein-Gedankenexperiments, in der die Quantennatur des Doppelspalts vollständig berücksichtigt wird, wurde 2013 von einer Gruppe deutscher und französischer Physiker vorgestellt (Schmidt et al. 2013). Die Rolle des beweglichen Doppelspalts wird hier von einem ionisierten Wasserstoff-Molekülion (HD$^+$) übernommen. Bei dem an dem Spalt gestreuten Teilchen handelt es sich um ein Heliumatom. Es gelingt den Wissenschaftlern in diesem Experiment, den Impuls des gestreuten Heliumatoms zu messen. Zudem gelingt es ihnen, die Orientierung des molekularen Doppelspaltes zum Zeitpunkt der Streuung zu messen. Dennoch wird hierdurch nicht die Bahn des Heliumatoms bestimmt, da es eben nur auf die Orientierung des Moleküls und den Spaltabstand ankommt und nicht auf die genaue Lage des Moleküls im Raum; letztere wird durch die Streuung unbestimmt. Aus diesem Grund finden die Forscher für die gestreuten Heliumatome auch ein ausgeprägtes Interferenzmuster.

Das Experiment ist natürlich in vollem Einklang mit der Quantenmechanik. Den Autoren geht es nur darum, Bohrs Gesichtspunkt zu bestätigen, der betont, daß der Doppelspalt quantenmechanisch beschrieben werden muß.[23] Die Unbestimmtheitsrelationen spielen bei der Diskussion keine Rolle; das gleiche gilt für den Begriff der Komplementarität. Die Quantenmechanik verbietet die Realisierung von Einsteins Wunsch, den Weg des Teilchen bei gleichzeitiger Messung des Impulsübertrags und Beobachtung eines Interferenzmusters zu bestimmen. Der Grund ist freilich der, daß es diesen Weg gar nicht gibt.

Solche „Welcher-Weg-Experimente" haben bereits eine gewisse Tradition. Scully et al. (1991) schlugen ein Experiment vor, das es gestatten sollte, Information über den Weg eines Teilchens zu erhalten, ohne dieses tatsächlich durch eine unkontrollierbare Messung stören zu müssen. Das Verschwinden des Interferenzmuster kommt einzig und allein dadurch zustande, daß eine Korrelation zwischen dem Teilchen und dem Meßapparat entsteht; der Impulsübertrag auf das Teilchen kann beliebig klein gehalten werden. Solche Experimente wurden 1998 an der Universität Konstanz realisiert, siehe etwa die Übersicht in Rempe (2002). Hier hat man Atome an einer stehenden Lichtwelle gebeugt, was zu einem Interferenzmuster führt. Verwendet wurden Rubidiumatome, die den Vorteil haben, ein äußeres Valenzelektron zu besitzen, dessen Spin zwei Richtungen in bezug auf

---

[23] „... the double slit is part of the quantum mechanical system and has to be treated accordingly." (Schmidt et al. 2013)

Abb. 1.4 Illustration des
Gedankenexperiments zur
Energie-Zeit-Unschärferelation

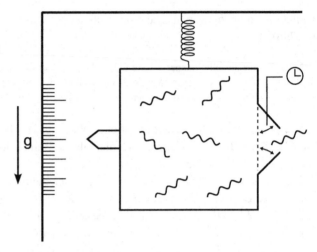

den Kernspin aufweisen kann. Die Rolle des Meßapparates spielt dann tatsächlich dieser
Spinzustand, der im Experiment mit dem Impuls des Atoms verschränkt werden kann;
die beiden Alternativen für den Weg sind dann mit den beiden Alternativen für die Spin-
richtung korreliert. Ist diese Verschränkung erfolgt, so ist im Zustand des Elektrons die
Information über den Weg des Atoms in physikalischer Form gespeichert, und das Interferenzmuster verschwindet. Diese Information muß dazu nicht abgelesen werden; es
reicht völlig aus, daß diese Verschränkung vorliegt.

Die Diskussion über die Interpretation der Unschärferelation (1.5) reißt auch heute
nicht ab. So gibt es immer wieder Behauptungen, daß eine genaue Diskussion der Beziehung zwischen einer Messung und der dadurch verursachten Störung des gemessenen
Systems zu Ungleichungen führt, die in Widerspruch zu (1.5) stehen. Daß dies nicht der
Fall ist, zeigt die sorgfältige Untersuchung in Busch et al. (2013).

Hier greifen wir freilich der historischen Entwicklung voraus. Es war in der Tat die
1935 publizierte Arbeit von Einstein, Podolsky und Rosen, die den Weg wies weg von
der direkten Störung eines Systems und der zentralen Rolle der Unbestimmtheitsrelationen, hin zu der Entstehung einer Verschränkung zwischen zwei Systemen. Bevor wir uns
dieser Arbeit zuwenden, sei hier noch kurz die letzte Begegnung vorgestellt, auf der Bohr
und Einstein intensiv über die Unbestimmtheitsrelationen diskutiert haben. Es handelt
sich um die Diskussionen auf der sechsten Solvay-Tagung, die dem Thema *Magnetis-
mus* gewidmet war und im Oktober 1930 wie gehabt in Brüssel stattfand. Gegenstand
der Diskussionen war diesmal die Unbestimmtheitsrelation (1.6) zwischen Energie und
Zeit. Diese Diskussionen tragen bereits Ideen der EPR-Arbeit in sich, wie insbesondere in
Howard (1990) und Whitaker (2012) schlüssig begründet wird.

Worum ging es in den Diskussionen zwischen Bohr und Einstein auf der Solvay-
Tagung 1930? Auch hierüber wissen wir praktisch nur durch Bohrs Bericht in dem
Schilpp-Band Bescheid (Bohr 1949). Einstein betrachtete einen mit Strahlung gefüllten
Kasten mit einem Verschluß, oft kurz als Photon-Kasten bezeichnet (Abb. 1.4). Mittels

einer eingebauten Uhr läßt sich der Verschluß für eine derart kurze Zeit öffnen und wieder schließen, daß genau ein Photon zu einer bestimmten Zeit t entweichen kann. Die Energie E des Photons ist jedoch ebenfalls fixiert, da sie durch Wägung des Kastens vor und nach Entweichen des Photons bestimmt werden kann; die Wägung erfolge dabei durch Aufhängen des Kastens an einer Feder. Es sieht also so aus, als sei die Energie-Zeit-Unschärferelation (1.6) verletzt.

Bohr konterte wie folgt. Die Gleichgewichtslage der Waage sei bis auf eine Ungenauigkeit Δq bekannt. Nach (1.5) führt dies auf eine Impulsunschärfe, die durch $\Delta p \sim \hbar/\Delta q$ gegeben ist. Bohr nimmt an, daß Δp kleiner als der Impuls sein müsse, der während der Zeit T des Wiegeprozesses durch das Gravitationsfeld auf die Massenunschärfe Δm des Kastens übertragen wird; ansonsten sei keine vernünftige Wägung möglich. Dies führt auf

$$\Delta p < v\Delta m = gT\Delta m \,, \tag{1.7}$$

worin g die Erdbeschleunigung ist und v die Geschwindigkeit sind. Die Ironie in Bohrs Antwort besteht nun darin, Einsteins eigene Theorie, die Allgemeine Relativitätstheorie, ins Spiel zu bringen. Diese sagt nämlich voraus, daß der Uhrengang vom Ort im Schwerefeld abhängt. Mit der Unschärfe Δq ist dann eine Unschärfe ΔT gemäß

$$\frac{\Delta T}{T} = \frac{g\Delta q}{c^2} \tag{1.8}$$

verknüpft. Benutzt man die Ungleichung (1.7), so ist die Unschärfe ΔT nach der Wägung durch

$$\Delta T = \frac{g\Delta q}{c^2}T > \frac{\hbar}{\Delta mc^2} = \frac{\hbar}{\Delta E} \tag{1.9}$$

gegeben, in Einklang mit (1.6). Bohr hat also, so die gängige Meinung, Einstein mit seinen eigenen Waffen geschlagen.

Doch geht es hier wirklich nur um die Unschärferelation? Eine andere Sichtweise ergibt sich aus einem Brief vom 9. Juli 1931, den Ehrenfest an Bohr schrieb, nachdem er Einstein in Berlin besucht hatte.[24] In diesem Brief heißt es (Howard 1990, S. 98):

> Er [Einstein] sagte mir, dass er schon sehr lange absolut nicht mehr an der Unsicherheits-relation zweifelt und dass er also z. B. den ‚waegbaren Lichtblitz-Kasten‘ (lass ihn kurz L-W-Kasten heissen) DURCHAUS nicht ‚contra Unsicherheits-Relation‘ ausgedacht hat, sondern fuer einen ganz anderen Zweck.

Ehrenfest erklärt dann, was Einsteins wahre Absicht gewesen sei. Einstein betrachtete in seiner Diskussion mit Ehrenfest eine „Maschine“, die ein Projektil emittiert. Nachdem das Projektil weit entfernt ist (Ehrenfest spricht von einem halben Lichtjahr), werde an der Maschine eine Messung vorgenommen, die es gestatte, an dem Projektil entweder eine Größe A oder eine Größe B vorherzusagen, wobei A und B nicht vertauschbaren (also nach der Quantenmechanik nicht gleichzeitig meßbaren) Operatoren entsprechen können.

---

[24] Siehe für das Folgende insbesondere die detaillierte Schilderung in Howard (1990).

In Gedanken kann man annehmen, daß das Projektil in einer astronomischen Entfernung reflektiert werde und nach langer Zeit zu dem Beobachter zurückkehre. Die Größe *A* oder die Größe *B* können dann gemessen werden (natürlich nicht beide gleichzeitig). In Ehrenfests Brief heißt es dazu (Howard 1990, S. 99):

> Es ist interessant sich deutlich zu machen, dass das Projectil, das da schon isoliert „für sich selber" herumfliegt darauf vorbereitet sein muss sehr verschiedenen „nichtcommutativen" Prophezeiungen zu genuegen, „ohne noch zu wissen" welcher dieser Prophezeiungen man machen (und pruefen) wird.

Der Photon-Kasten erfüllt genau diese Zwecke, wenn das Photon die Rolle des Projektils spielt. Den Größen *A* und *B* entsprechen dann die Rückkehrzeit des Photons und seine Energie oder Farbe (Frequenz).

Die zuletzt zitierte Stelle aus Ehrenfests Brief erinnert schon stark an das viel später von John Wheeler vorgestellte Gedankenexperiment zur „verzögerten Entscheidung" (siehe etwa die Diskussion in Kiefer 2009, S. 92f.). Dabei geht es um ein scheinbares Paradoxon, das entsteht, wenn man sich das Photon als ein klassisches Kügelchen vorstellt und nicht als Welle.

Während seines Kalifornienaufenthalts von Dezember 1930 bis März 1931 arbeitete Einstein zusammen mit Boris Podolsky und Richard Tolman an Grundlagenfragen zur Quantenmechanik. Das Ergebnis war der bereits in der Vorgeschichte erwähnte Artikel „Knowledge of Past and Future in Quantum Mechanics" (Einstein et al. 1931). In dieser Arbeit zeigen die Autoren, daß das vergangene Verhalten eines Teilchens nicht genauer beschrieben werden kann als das zukünftige, im Gegensatz zu gegenteiligen Behauptungen in der Literatur. Angesichts der Zeitumkehrinvarianz der Schrödinger-Gleichung ist dies nicht weiter erstaunlich. Für unser Thema ist diese Arbeit allerdings aus einem anderen Grund von Interesse. Das Gedankenexperiment der drei Autoren dreht sich um eine abgeänderte Version des Photon-Kastens, in der nicht die Korrelationen zwischen dem Kasten und dem Photon betrachtet werden, sondern zwischen zwei Photonen, die aus dem Kasten emittiert werden. Wie Howard ausführt, läßt sich diese Version dazu benutzen, durch alternative Messungen am ersten Photon die Rückkehrzeit des zweiten Photons *oder* die Energie (Frequenz) des zweiten Photons vorherzusagen. Das zweite Photon sei so weit von dem ersten entfernt, daß es durch die Messung am ersten Photon in keiner Weise beeinflußt werde kann. Hier geht also wesentlich die Annahme der Separabilität ein, eine Annahme, die für Einstein von zentraler Bedeutung war. Ohne diese Annahme lassen sich die Motivation für die EPR-Arbeit und die sich daran anschließende Debatte nicht verstehen. So wird gerade Bohr die Annahme der Separabilität von Systemen, die in der Vergangenheit in Wechselwirkung standen, strikt ablehnen.

Bevor wir uns der EPR-Arbeit von 1935 zuwenden, wollen wir die Vorgeschichte noch vervollständigen durch einen wichtigen Beitrag des Mathematikers John von Neumann.

1.4   John von Neumann und der Kollaps der Wellenfunktion

John von Neumann (1903 bis 1957) gehört zu den berühmtesten Mathematikern des zwanzigsten Jahrhunderts. Er trug wesentlich zur Ausgestaltung des mathematischen Formalismus der Quantentheorie bei; er war es, der betonte, daß der Zustand eines Systems durch einen Vektor in einem Hilbert-Raum beschrieben wird, wofür die üblichen Wellenfunktionen Ψ nur spezielle Darstellungen sind. In seinem Klassiker *Mathematische Grundlagen der Quantenmechanik* von 1932 (von Neumann 1932) faßt er den mathematischen Formalismus dieser Theorie in einer Weise zusammen, wie er im wesentlichen noch heute an den Universitäten gelehrt wird.[25]

In diesem Buch diskutiert von Neumann als erster auf klare Weise, daß in der Quantentheorie zwei sehr unterschiedliche Dynamiken benutzt werden (von Neumann 1932, S. 186 ff.). Bei der einen handelt es sich um die zeitliche Entwicklung von Zuständen, die durch die Schrödinger-Gleichung beschrieben wird; diese Dynamik ist auf isolierte Systeme anzuwenden. Die zweite Dynamik tritt in Kraft, wenn eine Wechselwirkung eines beobachteten Systems mit einem äußeren Beobachter (Meßapparat) eintritt; sie sortiert aus den vielen Komponenten der Wellenfunktion diejenige aus, die dem beobachteten Meßresultat entspricht. Freilich erfolgt diese Selektion nur per Hand, ohne eigene Gleichungen. Erst in neuerer Zeit gibt es Bestrebungen, für eine solche Dynamik Gleichungen aufzustellen, wobei es freilich nicht klar ist, ob es einer solchen zusätzlichen Dynamik überhaupt bedarf. Davon wird später noch die Rede sein.

Interessanterweise spricht von Neumann von der Schrödinger-Dynamik als „zweitem Eingriff" (obwohl hier kein Eingriff irgend einer Art erfolgt) und von der bei einer Messung erfolgenden Dynamik als „ersten Eingriff". Später bezeichnete man von Neumanns ersten Eingriff meistens als Kollaps oder Reduktion der Wellenfunktion. Von Neumann betont auch den wichtigen Punkt, daß die Schrödinger-Dynamik zeitlich reversibel ist, die Reduktion aber nicht; bei letzterer geht der Zustand auf akausale Weise gemäß der Bornschen Wahrscheinlichkeitsinterpretation in einen anderen, den „beobachteten" Zustand über. Aus diesem Grund behandelt von Neumann in seinem Buch auch sehr ausführlich die Thermodynamik und die durch den Zweiten Hauptsatz ausgedrückte Zunahme der Entropie.

Von einer Reduktion hatte schon Heisenberg gesprochen, ohne dies freilich zu präzisieren. So schreibt Pauli in einem Brief vom 17. Oktober 1927 an Bohr (Pauli 1979b, S. 411):

> Dies ist ja gerade ein Punkt, der bei Heisenberg nicht ganz befriedigend war; es schien dort die „Reduktion der Pakete" ein bißchen mystisch.[26] Nun ist ja zu betonen, daß solche Reduk-

---

[25] „Vorläufig versuche ich, etwas tiefer in von Neumanns Buch einzudringen. Er ist doch der Schärfste von allen." (Born an Schrödinger, 28. 6. 1935, siehe von Meyenn (2011))

[26] Vgl. hierzu die folgende Stelle aus einem Brief Heisenbergs an Pauli vom 23. 2. 1927 (die Hervorhebung stammt von Heisenberg): „Die Lösung kann nun, glaub' ich, prägnant durch den Satz ausgedrückt werden: *Die Bahn entsteht erst dadurch, daß wir sie beobachten.* (Pauli 1979b, S. 379)

tionen zunächst nicht nötig sind, wenn man alle Messungsmittel *mit* zum System zählt. Um aber Beobachtungsresultate überhaupt theoretisch beschreiben zu können, muß man fragen, was man über einen *Teil* des ganzen Systems allein aussagen kann. Und dann sieht man der vollständigen Lösung von selbst an, daß die Fortlassung des Beobachtungsmittels in vielen Fällen (nicht immer natürlich) formal durch derartige Reduktionen ersetzt werden kann.

Mit etwas Phantasie könnte man in den beiden letzten Sätzen bereits die zentrale Idee der Dekohärenz (siehe Abschn. 5.4) erkennen, die nach 1970 einen großen Teil der mit der „Reduktion der Pakete" verknüpften Mystik beseitigt hat. Pauli selbst hat dies freilich nicht so interpretiert, nicht interpretieren können, da ihm die für die Dekohärenz benötigte dynamische Rolle der Umgebung nicht klar war.

Von Neumann hat den Meßprozeß so weit wie möglich dynamisch beschrieben, das heißt, er hat auch Meßapparaten und Beobachtern Quantenzustände zugeordnet. So etwas wäre Bohr nie in den Sinn gekommen. Nach dessen Vorstellungen zur Komplementarität, die er insbesondere als Reaktion auf die EPR-Arbeit umformulierte, müssen Meßapparate immer durch klassische Größen beschrieben werden (vgl. Abschn. 4.2). Die Beschreibung der Apparate durch Quantenzustände liefert aber einen wichtigen Baustein für das Verständnis des klassischen Grenzfalls (Abschn. 5.4).

Das zentrale Prinzip der Quantentheorie ist das Superpositionsprinzip (vgl. auch den Anhang). Danach kann man physikalische Zustände addieren (superponieren) und erhält wieder einen physikalischen Zustand. Im allgemeinen ergeben sich dabei Zustände, die keine klassische Interpretation haben. Paul Dirac merkt in seinem bekannten Lehrbuch dazu an (Dirac 1958, S. 12):

The nature of the relationships which the superposition principle requires to exist between the states of any system is of a kind that cannot be explained in terms of familiar physical concepts. One cannot in the classical sense picture a system being partly in each of two states and see the equivalence of this to the system being completely in some other state. There is an entirely new idea involved, to which one must get accustomed and in terms of which one must proceed to build up an exact mathematical theory, without having any detailed classical picture.

Beschreibt man nun wie von Neumann Meßapparate durch quantenmechanische Zustände, so gilt natürlich auch für diese das Superpositionsprinzip, und es ergeben sich im Formalismus Superpositionen von zum Beispiel makroskopisch verschiedenen Zeigerstellungen. Solche nichtklassischen Zustände beobachtet man natürlich nicht, was insbesondere Schrödinger mit seinem Katzenbeispiel (siehe Abschn. 4.3) auf den Punkt gebracht hat. Von Neumann war sich dieses Problems wohlbewußt. Es ist bemerkenswert, daß er zumindest indirekt das Bewußtsein des finalen Beobachters für das Verschwinden der Superposition durch den „ersten Eingriff" (den Kollaps der Wellenfunktion) verantwortlich macht. So schreibt er nach der Erwähnung der beiden unterschiedlichen Dynamiken (reversible Schrödinger-Gleichung und irreversibler Kollaps) hierzu (von Neumann 1932, S. 223):

Vergleichen wir nun diese Verhältnisse mit denjenigen, die in der Natur bzw. bei ihrer Beobachtung wirklich bestehen. Zunächst ist es an und für sich durchaus richtig, daß das Messen, bzw. der damit verknüpfte Vorgang der subjektiven Apperzeption eine gegenüber der physikalischen Umwelt neue, auf diese nicht zurückführbare Wesenheit ist. Denn sie führt aus dieser hinaus, oder richtiger: sie führt hinein, in das unkontrollierbare, weil von jedem Kontrollversuch schon vorausgesetzte, gedankliche Innenleben des Individuums ... Trotzdem ist es aber eine für die naturwissenschaftliche Weltanschauung fundamentale Forderung, das sog. Prinzip vom psychophysikalischen Parallelismus, daß es möglich sein muß, den in Wahrheit außerphysikalischen Vorgang der subjektiven Apperzeption so zu beschreiben, als ob er in der physikalischen Welt stattfände ...

Von Neumann zeigt dann, daß es für den Formalismus keinen Unterschied macht, wo der Schnitt des „ersten Eingriffs" angewandt wird, solange er nur im makroskopischen Bereich erfolgt; es ist egal, ob diese Grenze im Meßinstrument oder im (so die Wortwahl von Neumanns) eigentlichen Beobachter liegt. Später hat der – wie von Neumann aus Ungarn stammende – Physiker Eugene Wigner (1902 bis 1995) dem Bewußsein eine ähnliche Rolle zugeschrieben und sie erst aufgegeben, nachdem die zentrale Bedeutung der Dekohärenz in diesem Zusammenhang klar geworden war (Abschn. 5.4). Einen ähnlichen Gesichtspunkt vertreten London und Bauer (1939).

Noch ein weiteres Thema aus von Neumanns Buch sollte für die Debatte um die Interpretation der Quantentheorie von Bedeutung werden – der „Beweis" der Unmöglichkeit verborgener Variablen. Darunter versteht man Variablen, die in einer hypothetischen Vervollständigung der Quantentheorie die Wellenfunktion ergänzen und es beispielsweise gestatten könnten, Ort und Impuls eines Teilchens in Umgehung der quantenmechanischen Unbestimmtheitsrelationen genau festzulegen. Ein Beweis der Unmöglichkeit solcher Variablen wäre also äquivalent mit der Vollständigkeit der Quantentheorie. Insofern sollte er von direkter Relevanz für die Arbeit von Einstein, Podolsky und Rosen sein, in der es gerade um diese Vollständigkeit geht, obwohl er dort nicht einmal erwähnt wird. Daß von Neumanns Beweis wegen zu enger Annahmen in Wirklichkeit nicht anwendbar ist, wurde erst später klar (Abschn. 5.2). Die Bühne ist nun jedenfalls bereit für die EPR-Arbeit, welche die inzwischen eingetretene betuliche Ruhe in der Interpretationsdebatte gründlich stören sollte.

Die Arbeit von Einstein, Podolsky und Rosen

2

A. Einstein, B. Podolsky und N. Rosen, Can Quantum-Mechanical Description of Physical Reality Be Considered Complete?, *Physical Review*, **47**, 777–780 (1935).

Aus dem Englischen übersetzt von K. Baumann und R. U. Sexl.

© Springer-Verlag Berlin Heidelberg 2015
C. Kiefer (Hrsg.), *Albert Einstein, Boris Podolsky, Nathan Rosen*,
Klassische Texte der Wissenschaft, DOI 10.1007/978-3-642-41999-7_2

2.1   Abdruck der Arbeit

Albert Einstein, Boris Podolsky und Nathan Rosen

Kann man die quantenmechanische Beschreibung der physikalischen Wirklichkeit als vollständig betrachten? (1935)

In einer vollständigen Theorie gibt es zu jedem Element der Realität stets ein entsprechendes Element. Eine hinreichende Bedingung für die Realität einer physikalischen Größe ist die Möglichkeit, sie mit Sicherheit vorherzusagen, ohne das System zu stören. In der Quantenmechanik schließt im Falle von zwei physikalischen Größen, die durch nicht-kommutierende Operatoren beschrieben werden, das Wissen von der einen das Wissen von der anderen aus. Dann ist entweder (1) die Beschreibung der Realität, die durch die Wellenfunktion in der Quantenmechanik gegeben wird, nicht vollständig oder (2) diesen beiden Größen kann nicht gleichzeitig Realität zukommen. Die Betrachtung des Problems, Vorhersagen bezüglich eines Systems auf der Grundlage von Messungen zu machen, die an einem anderen System, das zuvor mit dem ersteren in Wechselwirkung stand, ausgeführt wurden, führen auf das Ergebnis, daß wenn (1) falsch ist, dann auch (2) falsch ist. Man wird so zu dem Schluß geführt, daß die Beschreibung der Realität, wie sie von der Wellenfunktion geleistet wird, nicht vollständig ist.

1

Jede ernsthafte Betrachtung einer physikalischen Theorie muß dem Unterschied zwischen objektiver Realität, die unabhängig von der Theorie ist, und den physikalischen Begriffen, mit denen die Theorie arbeitet, Rechnung tragen. Diese Begriffe sind dazu bestimmt, der objektiven Realität zu entsprechen, und mit Hilfe dieser Begriffe machen wir uns Vorstellungen von dieser Realität.

Um zu versuchen, den Erfolg einer physikalischen Theorie zu beurteilen, können wir uns zwei Fragen vorlegen:

(1) „Ist die Theorie korrekt?" und (2) „Ist die von der Theorie geleistete Beschreibung vollständig?"

Nur wenn beide Fragen positiv beantwortet werden können, kann die Theorie als befriedigend bezeichnet werden. Die Korrektheit der Theorie wird aus dem Grad der Übereinstimmung zwischen den Schlußfolgerungen der Theorie und der menschlichen Erfahrung beurteilt. Diese Erfahrung, die uns allein befähigt, auf die Wirklichkeit zu schließen, nimmt in der Physik die Gestalt von Experiment und Messung an. Der zweiten Frage wollen wir hier in bezug auf die Quantenmechanik nachgehen.

Welche Bedeutung man auch immer dem Ausdruck *vollständig* beimißt, folgende Forderung an eine vollständige Theorie scheint unumgänglich zu sein: *jedes Element der physikalischen Realität muß seine Entsprechung in der physikalischen Theorie haben.* Wir werden dies die Bedingung der Vollständigkeit nennen. Die zweite Frage ist daher leicht beantwortet, sobald wir in der Lage sind zu entscheiden, welches die Elemente der physikalischen Realität sind.

Die Elemente der physikalischen Realität können nicht durch *a priori* philosophische Überlegungen bestimmt, sondern müssen durch Berufung auf Ergebnisse von Experimenten und Messungen gefunden werden. Eine umfassende Definition von Realität jedoch ist für unser Ziel unnötig. Wir werden uns mit dem folgenden Kriterium begnügen, das wir für vernünftig halten. *Wenn wir, ohne auf irgendeine Weise ein System zu stören, den Wert einer physikalischen Größe mit Sicherheit (d. h. mit der Wahrscheinlichkeit gleich eins) vorhersagen können, dann gibt es ein Element der physikalischen Realität, das dieser physikalischen Größe entspricht.* Obzwar dieses Kriterium bei weitem nicht alle Möglichkeiten, eine physikalische Realität zu betrachten, ausschöpft, scheint es uns zumindest eine solche Möglichkeit zu bieten, wenn die in ihm festgelegten Bedingungen eintreten. Nicht als notwendige, sondern nur als hinreichende Bedingung betrachtet, steht dieses Kriterium im Einklang sowohl mit den klassischen als auch mit den quantenmechanischen Realitätsvorstellungen.

Um solche Vorstellungen zu veranschaulichen, wollen wir die quantenmechanische Beschreibung des Verhaltens eines Teilchens mit einem einzigen Freiheitsgrad betrachten. Der grundlegende Begriff der Theorie ist der Begriff des Zustands, dessen vollständige Kennzeichnung durch die Wellenfunktion ψ angenommen wird, die eine Funktion der zur Beschreibung des Verhaltens des Teilchens gewählten Variablen ist. Entsprechend jeder physikalisch observablen Größe A gibt es einen Operator, den man mit dem gleichen Buchstaben bezeichnen kann.

Wenn ψ eine Eigenfunktion des Operators A ist, d. h. wenn

$$\psi' \equiv A\,\psi = a\,\psi, \tag{1}$$

wobei a eine Zahl ist, dann hat die physikalische Größe A mit Sicherheit den Wert a, wenn sich das Teilchen in dem durch ψ gegebenen Zustand befindet. In Übereinstimmung mit unserem Realitätskriterium gibt es für ein Teilchen, das sich in dem durch ψ gemäß Gleichung (1) gegebenen Zustand befindet, ein Element der physikalischen Realität, das der physikalischen Größe A entspricht. Es sei z. B.

$$\psi = e^{(2\pi i/h)\,p_0 x}, \tag{2}$$

wobei h die Plancksche Konstante, p_0 eine konstante Zahl und x die unabhängige Variable ist. Da der Operator, der dem Impuls des Teilchens entspricht,

$$p = \frac{h}{2\pi i} \frac{\partial}{\partial x} \qquad\qquad (3)$$

ist, erhalten wir

$$\psi' = p\psi = \frac{h}{2\pi i} \frac{\partial \psi}{\partial x} = p_0 \psi. \qquad\qquad (4)$$

Daher hat in dem durch Gleichung (2) gegebenen Zustand der Impuls des Teilchens sicher den Wert p_0. Es ist daher sinnvoll zu sagen, daß der Impuls des Teilchens in dem durch Gleichung (2) gegebenen Zustand real ist.

Wenn andererseits Gleichung (1) nicht gilt, können wir nicht mehr sagen, daß der physikalischen Größe A ein besonderer Wert zukommt. Das ist z. B. für die Koordinate des Teilchens der Fall. Der Operator, der ihr entspricht, sagen wir q, ist der Operator der Multiplikation mit der unabhängigen Variablen.

Daher gilt

$$q\,\psi = x\,\psi \neq a\,\psi. \qquad\qquad (5)$$

Im Einklang mit der Quantenmechanik können wir nur sagen, daß die relative Wahrscheinlichkeit, daß eine Messung der Koordinate einen Wert zwischen a und b ergibt, gegeben ist durch

$$P(a, b) = \int_a^b \psi\,\psi\,dx = \int_a^b dx = b - a. \qquad\qquad (6)$$

Da diese Wahrscheinlichkeit unabhängig von a ist und nur von der Differenz $b - a$ abhängt, sehen wir, daß alle Werte der Koordinate gleich wahrscheinlich sind.

Ein bestimmter Wert der Koordinate läßt sich daher für ein Teilchen, das sich in einem durch Gleichung (2) gegebenen Zustand befindet, nicht vorhersagen, sondern kann nur durch eine direkte Messung gewonnen werden. Solch eine Messung aber stört das Teilchen und ändert damit seinen Zustand. Nachdem die Koordinate bestimmt ist, befindet sich das Teilchen nicht mehr in dem durch Gleichung (2) gegebenen Zustand. Daraus wird in der Quantenmechanik üblicherweise geschlossen, *daß der Koordinate des Teilchens, sobald dessen Impuls bekannt ist, keine physikalische Realität zukommt.*

Allgemeiner wird in der Quantenmechanik gezeigt, daß in dem Fall, in dem die den beiden physikalischen Größen, sagen wir A und B, entsprechenden Operatoren nicht miteinander kommutieren, d.h. $AB \neq BA$, die genaue Kenntnis des einen von ihnen eine solche Kenntnis des anderen ausschließt. Darüber hinaus wird jeder Versuch, den letzteren experimentell zu bestimmen, den Zustand des Systems auf solche Weise verändern, daß die Kenntnis vom ersteren zerstört wird.

Daraus ergibt sich, daß entweder (1) *die quantenmechanische Beschreibung der Realität, wie sie durch die Wellenfunktion gegeben ist, nicht vollständig ist* oder (2), *wenn die den beiden physikalischen Größen entsprechenden Operatoren nicht miteinander kommutieren, den beiden Größen nicht zugleich Realität zukommt.* Wären nämlich beide Größen zugleich real – und hätten damit bestimmte Werte – , so gingen diese Werte in die vollständige Beschreibung ein, wie es die Vollständigkeitsbedingung verlangt. Würde die Wellenfunktion dann eine solche vollständige Beschreibung der Realität leisten, so würde sie diese Werte enthalten; diese wären dann vorhersagbar. Da dies nicht der Fall ist, verbleiben uns nur die genannten Alternativen.

In der Quantenmechanik wird üblicherweise angenommen, daß die Wellenfunktion tatsächlich eine vollständige Beschreibung der physikalischen Realität des Systems in dem Zustand, dem sie entspricht, beinhaltet. Auf den ersten Blick erscheint diese Annahme als völlig vernünftig, da die aus der Wellenfunktion erhältliche Information genau dem zu entsprechen scheint, was ohne Änderung des Zustands des Systems gemessen werden kann. Wir werden jedoch zeigen, daß diese Annahme zusammen mit dem oben formulierten Realitätskriterium zu einem Widerspruch führt.

2

Zu diesem Zweck wollen wir annehmen, daß zwei Systeme, I und II, vorliegen, die von der Zeit $t = 0$ bis $t = T$ miteinander wechselwirken mögen, danach aber keinerlei Wechselwirkung mehr zwischen den beiden Teilen herrscht. Wir nehmen ferner an, daß die Zustände der beiden Systeme vor $t = 0$ bekannt waren. Wir können dann mit Hilfe der Schrödingergleichung den Zustand des kombinierten Systems I + II zu jeder folgenden Zeit berechnen, insbesondere für jedes $t > T$. Die entsprechende Wellenfunktion sei mit ψ bezeichnet.

Wir können jedoch nicht den Zustand berechnen, in dem sich eines der beiden Systeme nach der Wechselwirkung befindet. Entsprechend der Quantenmechanik kann dies nur gestützt auf weitere Messungen getan werden und zwar in einem Vorgang, der als *Reduktion* des Wellenpakets bekannt ist. Wir wollen nun diesen Vorgang in seinen wesentlichen Zügen betrachten.

Es seien $a_1, a_2, a_3, \ldots$ die Eigenwerte einer physikalischen Größe A, die zu dem System I gehört, und $u_1(x_1), u_2(x_1), u_3(x_1) \ldots$ die entsprechenden Eigenfunktionen, wobei x_1 für die Variablen steht, die zur Beschreibung des ersten Systems verwendet werden. Dann kann ψ, betrachtet als eine Funktion von x_1, ausgedrückt werden als

$$\psi(x_1 x_2) = \sum_{n=1}^{\infty} \psi_n(x_2) u_n(x_1), \tag{7}$$

wobei x_2 für die Variablen steht, die zur Beschreibung des zweiten Systems verwendet werden. Hier sind die Funktionen $\psi_n(x_2)$ nur als die Koeffizienten der Entwicklung von ψ in eine Reihe orthogonaler Funktionen $u_n(x_1)$ zu betrachten. Nehmen wir nun an, daß die Größe A gemessen und so ihr Wert a_k gefunden wurde. Es wird dann geschlossen, daß sich nach der Messung das erste System in dem durch die Wellenfunktion $u_k(x_1)$ gegebenen Zustand und das zweite System in dem durch die Wellenfunktion $\psi_k(x_2)$ gegebenen Zustand befindet. Dies ist der Vorgang der Reduktion des Wellenpakets; das Wellenpaket, das die unendliche Reihe (7) darstellt, wird auf einen einzigen Ausdruck

$$\psi_k(x_2)\, u_k(x_1)$$

reduziert.

Der Satz von Funktionen $u_n(x_1)$ ist durch die Wahl der physikalischen Größe A bestimmt. Hätten wir stattdessen eine andere Größe, sagen wir B, gewählt, die die Eigenwerte $b_1, b_2, b_3, ...$ und Eigenfunktionen $v_1(x_1)$, $v_2(x_1)$, $v_3(x_1)$, ... besitzt, so hätten wir an Stelle von Gleichung (7) die Entwicklung

$$\psi(x_1, x_2) = \sum_{s=1}^{\infty} \varphi_s(x_2)\, v_s(x_1), \tag{8}$$

erhalten, wobei die ψ_s die neuen Koeffizienten sind. Wenn nun die Größe B gemessen und ihr Wert b_r gefunden wird, schließen wir, daß sich nach der Messung das erste System in dem durch $v_r(x_1)$ gegebenen Zustand und das zweite System in dem durch $\varphi_r(x_2)$ gegebenen Zustand befindet.

Wir sehen daher, daß als Folge zweier verschiedener Messungen, die an dem ersten System ausgeführt werden, das zweite System in Zuständen mit zwei verschiedenen Wellenfunktionen vorliegt. Da andererseits die beiden Systeme zum Zeitpunkt der Messung nicht mehr miteinander in Wechselwirkung stehen, kann nicht wirklich eine Änderung in dem zweiten System als Folge von irgendetwas auftreten, das dem ersten System zugefügt werden mag. Es handelt sich hierbei natürlich nur um eine Äußerung dessen, was mit der Abwesenheit der Wechselwirkung zwischen den beiden Systemen gemeint ist. *Es ist daher möglich, zwei verschiedene Wellenfunktionen* (in unserem Beispiel ψ_k und φ_r) *der gleichen Wirklichkeit zuzuordnen* (nämlich dem zweiten System nach der Wechselwirkung mit dem ersten).

Nun kann es vorkommen, daß die beiden Wellenfunktionen, ψ_k und φ_r, Eigenfunktionen von zwei nicht-kommutierenden Operatoren sind, die jeweils gewissen physikalischen Größen P und Q entsprechen. Daß dieser Fall tatsächlich auftreten kann, läßt sich am besten an einem Beispiel zeigen. Angenommen, die beiden Systeme sind zwei Teilchen, und es gelte

$$\psi(x_1, x_2) = \int_{-\infty}^{\infty} e^{\frac{2\pi i}{h}(x_1 - x_2 + x_0)p}\, dp, \tag{9}$$

wobei x_0 eine Konstante ist. Es sei A der Impuls des ersten Teilchens; dann wird sich, wie wir in Gleichung (4) gesehen haben, seine Eigenfunktion zu

$$u_p(x_1) = e^{\frac{2\pi i}{b} p x_1} \tag{10}$$

ergeben mit dem entspechenden Eigenwert p. Da hier der Fall eines kontinuierlichen Spektrums vorliegt, läßt sich Gleichung (7) nun schreiben

$$\psi(x_1, x_2) = \int_{-\infty}^{\infty} \psi_p(x_2)\, u_p(x_1)\, dp, \tag{11}$$

wobei

$$\psi_p(x_2) = e^{-\frac{2\pi i}{b}(x_2 - x_0)p}. \tag{12}$$

Dies ψ_p jedoch ist die Eigenfunktion des Operators

$$P = \frac{b}{2\pi i} \frac{\partial}{\partial x_2} \tag{13}$$

mit dem entsprechenden Eigenwert $-p$ des Impulses des zweiten Teilchens. Wenn andererseits B die Koordinate des zweiten Teilchens ist, sind die dazu gehörigen Eigenfunktionen

$$v_x(x_1) = \delta(x_1 - x) \tag{14}$$

mit dem entsprechenden Eigenwert x, wobei $\delta(x_1 - x)$ die bekannte Diracsche Deltafunktion ist. Gleichung (8) wird in diesem Fall

$$\psi(x_1, x_2) = \int_{-\infty}^{\infty} \varphi_x(x_2)\, v_x(x_1)\, dx, \tag{15}$$

wobei

$$\varphi_x(x_2) = \int_{-\infty}^{\infty} e^{\frac{2\pi i}{b}(x - x_2 + x_0)p}\, dp = b\,\delta(x - x_2 + x_0). \tag{16}$$

Dieses φ_x ist jedoch die Eigenfunktion des Operators

$$Q = x_2 \tag{17}$$

entsprechend dem Eigenwert $x + x_0$ der Koordinate des zweiten Teilchens. Da

$$PQ - QP = \frac{b}{2\pi i}, \tag{18}$$

haben wir gezeigt, daß es i.a. möglich ist, daß ψ_k und φ_r Eigenfunktionen zweier nicht-kommutierender Operatoren sind, die physikalischen Größen entsprechen.

Kehren wir nun zu dem allgemeinen Fall zurück, der in den Gleichungen (7) und (8) betrachtet wird, und nehmen wir an, daß ψ_k und φ_r tatsächlich Eigenfunktionen gewisser nicht-kommutierender Operatoren P und Q mit entsprechenden Eigenwerten p_k und q_r sind. Wir werden daher durch die Messungen von A oder B in die Lage versetzt, mit Sicherheit, und ohne auf irgendeine Weise das zweite System zu stören, entweder die Größe P (d.h. p_k) oder den Wert der Größe Q (d h. q_r) vorherzusagen. Im Einklang mit unserem Realitätskriterium müssen wir im ersten Fall die Größe P als ein Element der Realität betrachten, im zweiten Fall ist die Größe Q als ein Element der Realität anzusehen. Wie wir aber gesehen haben, gehören beide Wellenfunktionen ψ_k und φ_r zur gleichen Realität.

Zunächst bewiesen wir, daß entweder (1) die quantenmechanische Beschreibung der Realität, wie sie die Wellenfunktion gibt, nicht vollständig ist oder (2) bei Vorliegen zweier nicht-kommutierender Operatoren den entsprechenden beiden physikalischen Größen nicht zugleich Realität zukommt. Indem wir dann mit der Annahme begannen, daß die Wellenfunktion eine vollständige Beschreibung der physikalischen Realität liefert, gelangten wir zu dem Schluß, daß zwei physikalischen Größen mit nicht-kommutierenden Operatoren zugleich Realität zukommen kann. Auf diese Weise führt die Negation von (1) auf die Negation der einzigen anderen Alternative (2). Wir werden so gezwungen zu schließen, daß die durch die Wellenfunktionen vermittelte quantenmechanische Beschreibung der physikalischen Realität nicht vollständig ist.

Man könnte Einwände gegen diesen Schluß erheben unter Berufung darauf, daß unser Realitätskriterium nicht hinreichend restriktiv ist. Tatsächlich würde man nicht zu unserer Schlußfolgerung gelangen, bestünde man darauf, zwei oder mehr physikalische Größen *nur dann* zugleich als Elemente der Realität zu betrachten, *wenn sie gleichzeitig gemessen oder vorhergesagt werden können.* Aus dieser Sicht sind die Größen P und Q nicht zugleich real, da entweder die eine oder die andere der Größen, nicht aber beide zugleich vorhergesagt werden können. Dadurch wird der Realitätsanspruch von P und Q vom Vorgang der Messung abhängig, die am ersten System ausgeführt wird und die auf keine Weise das zweite System beeinflußt. Man darf nicht erwarten, daß dies irgendeine vernünftige Definition der Realität zuläßt.

Während wir somit gezeigt haben, daß die Wellenfunktion keine vollständige Beschreibung der physikalischen Realität liefert, lassen wir die Frage offen, ob eine solche Beschreibung existiert oder nicht. Wir glauben jedoch, daß eine solche Theorie möglich ist.

2.2 Kritische Zusammenfassung

Die Arbeit von Einstein, Podolsky und Rosen, im folgenden einfach EPR-Arbeit genannt, ist nicht lang. Sie umfaßt im englischen Original knapp vier Seiten und enthält keine Verweise auf andere Veröffentlichungen. Sie wurde am 25. März 1935 bei der amerikanischen Fachzeitschrift *Physical Review* eingereicht und ist dort am 15. Mai 1935 erschienen.

Die EPR-Arbeit besteht neben einer Zusammenfassung aus zwei Kapiteln ohne Überschrift. Im ersten Teil wird zunächst die Unterscheidbarkeit zwischen einer angenommenen objektiven Realität und der Beschreibung dieser Realität durch eine physikalische Theorie behauptet. Es heißt dazu:

> Jede ernsthafte Betrachtung einer physikalischen Theorie muß dem Unterschied zwischen objektiver Realität, die unabhängig von der Theorie ist, und den physikalischen Begriffen, mit denen die Theorie arbeitet, Rechnung tragen.

Es wird dann betont, daß sich der Erfolg einer Theorie durch die beiden folgenden Fragen beurteilen lasse: Erstens: Ist die Theorie korrekt? Zweitens: Ist die von der Theorie geleistete Beschreibung vollständig? Zur Beantwortung der ersten Frage wird auf die Übereinstimmung mit dem Experiment verwiesen; sie ist nicht Gegenstand dieser Arbeit. In der EPR-Arbeit geht es ausschließlich um die Frage der Vollständigkeit, die ja bereits im Titel der Arbeit anklingt.

Was soll Vollständigkeit hier bedeuten? Quantenmechanische Zustände werden durch Wellenfunktionen (allgemeiner: Vektoren im Hilbert-Raum) beschrieben. Wenn diese Beschreibung vollständig ist, es also zum Beispiel keine zusätzlichen („verborgenen") Variablen gibt, die es etwa gestatteten, den Ort und Impuls eines Teilchens gleichzeitig anzugeben, so soll die Theorie vollständig heißen.

In der EPR-Arbeit schlagen die Autoren das folgende notwendige Kriterium der Vollständigkeit vor, das ihrer Meinung nach unumgänglich zu sein scheint:

> ... *jedes Element der physikalischen Realität muß seine Entsprechung in der physikalischen Theorie haben.*

In seinem Brief vom 19. Juni 1935 an Schrödinger schreibt Einstein hierzu etwas genauer (von Meyenn 2011):

> Man beschreibt in der Quantentheorie einen wirklichen Zustand eines Systems durch eine normierte Funktion ψ der Koordinaten (des Konfigurationsraumes). Die zeitliche Änderung ist durch die Schrödinger-Gleichung eindeutig gegeben. Man möchte nun gerne folgendes sagen: ψ ist dem wirklichen Zustand des wirklichen Systems ein-eindeutig zugeordnet. Der statistische Charakter der Meßergebnisse fällt ausschließlich auf das Konto der Meßapparate bzw. des Prozesses der Messung. Wenn dies geht rede ich von einer vollständigen Beschreibung der Wirklichkeit durch die Theorie. Wenn aber eine solche Interpretation nicht durchführbar ist, nenne ich die theoretische Beschreibung „unvollständig".

Für die Anwendung des Kriteriums muß man nun freilich wissen, was Elemente der physikalischen Realität sind. Dann, so die Autoren, sei die Frage nach der Vollständigkeit leicht beantwortet. Sie stellen deshalb ein Kriterium vor, das sie für ihre Zwecke als hinreichend betrachten. Es ist dieses Realitätskriterium, das in der Folgezeit für viel Unruhe und zahlreiche Mißverständnisse gesorgt hat. Es lautet:

> Wenn wir, ohne auf irgendeine Weise ein System zu stören, den Wert einer physikalischen Größe mit Sicherheit (d. h. mit der Wahrscheinlichkeit gleich eins) vorhersagen können, dann gibt es ein Element der physikalischen Realität, das dieser physikalischen Größe entspricht.

Der entscheidende Passus lautet „ohne auf irgendeine Weise ein System zu stören"; wir werden darauf zurückkommen.

Im ersten Teil der EPR-Arbeit wird nun speziell die quantenmechanische Betrachtung eines Teilchens in einer Raumdimension betrachtet. Es wird betont, daß der grundlegende Begriff der Begriff des Zustands sei, „dessen vollständige Kennzeichnung durch die Wellenfunktion ψ angenommen wird". Gemäß der Quantenmechanik liefert ψ also eine vollständige Beschreibung. Weiter wird die Gültigkeit der Wahrscheinlichkeitsinterpretation angenommen. Diese besagt, daß sich aus dem Betragsquadrat von ψ berechnen läßt, welche klassischen Größen sich mit welcher Wahrscheinlichkeit bei einer Messung ergeben.

Ist nun speziell ψ die Eigenfunktion eines Operators A mit Eigenwert a, so besagt diese Interpretation, daß die durch den Operator A gegebene physikalische Größe (die man in diesem Zusammenhang auch als Observable bezeichnet) in diesem Zustand mit Sicherheit den Wert a besitzt. EPR wenden auf diese Situation ihr Realitätskriterium an und folgern, daß es in diesem Eigenzustand ein Element der physikalischen Realität gibt, das der physikalischen Größe A entspricht. Als Beispiel wird ein Impulseigenzustand mit Eigenwert p_0 genannt,[1] und die Autoren schließen, daß es daher sinnvoll sei zu sagen, daß der Impuls des Teilchens in diesem Zustand real ist.

Ist der Zustand kein Eigenzustand des Operators A, so läßt sich diese Schlußfolgerung nicht mehr ziehen: Der durch A beschriebenen physikalischen Größe kommt kein bestimmter Wert mehr zu. Das ist zum Beispiel der Fall, wenn man in dem Impulseigenzustand nach dem Wert der Ortskoordinate, die den Ort eines Teilchens beschreibt, fragt. In der Tat sind für diesen Fall alle Ortskoordinaten gleichwahrscheinlich. Ein bestimmter Wert für die Ortskoordinate, so EPR, könne nur durch eine direkte Messung gewonnen werden, die aber das Teilchen störe und dessen Zustand ändere; das Teilchen ist dann nicht mehr in dem ursprünglich angenommenen Impulseigenzustand. Interessant ist hier die Feststellung, daß EPR von einem Kollaps (oder Reduktion) der Wellenfunktion ausgehen, also von einer Verletzung der Schrödinger-Gleichung, vgl. Abschn. 1.4; dieser Kollaps wird wie damals üblich nicht dynamisch beschrieben, sondern per Hand angesetzt. EPR verallgemeinern sodann die an dem Beispiel gezogenen Schlüsse und betonen,

---

[1] Ein solcher Zustand wird durch eine Wellenfunktion beschrieben, für die jede Messung den Impulswert p_0 liefert.

daß gemäß der Quantenmechanik (in der die Beschreibung durch die Wellenfunktion für vollständig gehalten wird) im Falle zweier nichtkommutierender Operatoren den entsprechenden physikalischen Größen nicht gleichzeitig Realität zukommen könne.

Die Schlußfolgerung, die EPR im ersten Teil ziehen, läßt sich damit wie folgt zusammenfassen. Betrachten wir die beiden Aussagen

- A_1: Die Beschreibung der Realität durch Wellenfunktionen ist vollständig.
- A_2: Zwei physikalische Größen, die nichtkommutierenden Operatoren entsprechen, sind gleichzeitig real,

so schließen EPR, daß entweder A_1 falsch sein muß oder A_2, das heißt: Entweder ist die Beschreibung durch Wellenfunktionen unvollständig, oder nichtkommutierende Größen können nicht gleichzeitig real sein. Wichtig ist die Aussage „nicht gleichzeitig real", im Unterschied zu „nicht gleichzeitig meßbar"; daß nichtkommutierende Größen nicht gleichzeitig *meßbar* sind, wird von den Autoren nicht bestritten. Bis hierher geht es also um eine direkte und weitgehend unstrittige Anwendung des quantenmechanischen Formalismus, wie man sie 1935 erwarten konnte. Der eigentlich brisante Teil ist der zweite. Hier kommen EPR zu dem Schluß, daß das Ergebnis aus dem ersten Teil zu einem Widerspruch führt.

Um dies zu demonstrieren, diskutieren EPR im zweiten Teil der Arbeit ein Gedankenexperiment (man erinnere sich an die Vorliebe Einsteins für Gedankenexperimente). Es werden zwei Systeme I und II betrachtet, die für eine gewisse Zeitspanne wechselwirken, danach aber nicht mehr in Kontakt stehen. Man könnte sich etwa ein Teilchen denken, das in zwei andere Teilchen zerfällt, die sich dann voneinander entfernen, und zwar im Prinzip beliebig weit. EPR nehmen an, daß beide Systeme zu Beginn einen eigenen Zustand (eine eigene Wellenfunktion) haben, der bekannt sei. Nach der Wechselwirkung gibt es nur noch eine (heute sagen wir verschränkte) Wellenfunktion Ψ für das Gesamtsystem I plus II. Die Teilsysteme haben für sich genommen dann keinen eigenen Zustand (keine eigene Wellenfunktion) mehr.

EPR nehmen jetzt an, daß an einem der beiden Systeme (an System I) eine Messung durchgeführt werde, die zu einem Kollaps (einer Reduktion) der Wellenfunktion führe. Sie schreiben im zweiten Absatz von Teil zwei:

> Wir können jedoch nicht den Zustand berechnen, in dem sich eines der beiden Systeme nach der Wechselwirkung befindet. Entsprechend der Quantenmechanik kann dies nur gestützt auf weitere Messungen getan werden und zwar in einem Vorgang, der als *Reduktion* des Wellenpakets bekannt ist. Wir wollen nun diesen Vorgang in seinen wesentlichen Zügen betrachten.

EPR betrachten nun (in Gedanken) Messungen, die ausschließlich an System I durchgeführt werden. Dazu werden in I zwei verschiedene physikalische Größen (Observablen) A und B betrachtet. Die gesamte Wellenfunktion[2] $\Psi(x_1, x_2)$ kann dann entweder nach

---

[2] Hier bezeichnet x_1 die Ortskoordinate des ersten, x_2 die des zweiten Teilchens.

den Eigenfunktionen des zugehörigen Operators A (EPR-Gleichung (7)) oder nach den Eigenfunktionen des zugehörigen Operators B (EPR-Gleichung (8)) entwickelt werden. Mißt man nun an System I die Größe A, so werden ein bestimmter Meßwert a_k und die zugehörige Eigenfunktion $u_k(x_1)$ gefunden. Nach dem Postulat von der Reduktion der Wellenfunktion reduziert sich dann die Wellenfunktion in der EPR-Gleichung (7) auf den Produktzustand $\Psi(x_1, x_2) = \psi_k(x_2)u_k(x_1)$. Dies bedeutet aber, daß sich das weit entfernte System II, an dem keine Messungen vorgenommen werden können (das also nicht „gestört" wurde), nun in einem konkreten Zustand befindet, der durch die Wellenfunktion $\psi_k(x_2)$ gegeben ist. Die Verschränkung zwischen den beiden Systemen hat sich aufgelöst; der neue Zustand für das Gesamtsystem ist ein Produktzustand und beschreibt deshalb keine Korrelationen mehr zwischen I und II.

Alternativ kann man aber an System I statt A die Größe B messen, mit einem Meßergebnis b_r und einer Eigenfunktion $v_r(x_1)$. Die gesamte Wellenfunktion reduziert sich dann auf einen anderen Produktzustand, und zwar auf $\Psi(x_1, x_2) = \varphi_s(x_2)v_s(x_1)$. EPR schließen daraus:

> Wir sehen daher, daß als Folge zweier verschiedener Messungen, die an dem ersten System ausgeführt werden, das zweite System in Zuständen mit zwei verschiedenen Wellenfunktionen vorliegt.

Man kann also, so EPR, der gleichen Wirklichkeit zwei verschiedene Wellenfunktionen zuordnen. Als besonders wichtig wird der Fall erachtet, wo die alternativen Wellenfunktionen ψ_k und φ_s von System II Eigenfunktionen zu nichtkommutierenden Operatoren P und Q sind. Hierzu bringen EPR nun ein Beispiel, das wegen seiner Wichtigkeit hier explizit diskutiert werde. Die Diskussion wird jetzt etwas formal. Die gezogenen Schlußfolgerungen können aber auch ohne ein detailliertes Verständnis des Formalismus nachvollzogen werden.

In diesem Beispiel sind die beiden Systeme I und II zwei Teilchen I und II, die nach der anfänglichen Wechselwirkung eine gemeinsame Ortswellenfunktion $\Psi(x_1, x_2)$ aufweisen. EPR wählen eine Wellenfunktion der Form

$$\Psi(x_1, x_2) = h\delta(x_1 - x_2 + x_0) \equiv \int\limits_{-\infty}^{\infty} \mathrm{d}p \ e^{2\pi i(x_1 - x_2 + x_0)p/h}, \tag{2.1}$$

wobei x_0 eine Konstante ist und h das Plancksche Wirkungsquantum. Wegen der Deltafunktion ist die Differenz von x_2 und x_1 quasi auf den Wert x_0 festgenagelt.[3]

Die Größe A sei nun der Impulsoperator[4] für Teilchen I, dessen Eigenfunktionen ohne den üblichen Normierungsfaktor wie folgt lauten:

$$u_p(x_1) = e^{2\pi i p x_1/h}, \tag{2.2}$$

---

[3] Der Schwerpunkt der beiden Teilchen ist hier also beliebig.
[4] Explizit gegeben durch den Ausdruck $(\hbar/\mathrm{i})\,\partial/\partial x_1$.

mit der Zahl p als Eigenwert. Den Gesamtzustand (2.1) kann man nun nach den Impuls-Eigenfunktionen entwickeln und erhält

$$\Psi(x_1, x_2) = \int\limits_{-\infty}^{\infty} dp \; \psi_p(x_2) u_p(x_1), \qquad (2.3)$$

wobei

$$\psi_p(x_2) := e^{-2\pi i(x_2 - x_0)p/h} \qquad (2.4)$$

die Eigenfunktion des Impulsoperators von Teilchen II ist, der durch

$$P := \frac{h}{2\pi i} \frac{\partial}{\partial x_2}$$

gegeben ist. Der Eigenwert von P ist $-p$, was natürlich eine direkte Folge der Impulserhaltung ist: Der Gesamtimpuls des Ausgangszustandes ist null und behält diesen Wert bei (solange keine Ortsmessung an einem der Teilchen erfolgt).

Alternativ sei nun für B der Ortsoperator für Teilchen I gewählt, dessen (uneigentliche) Eigenfunktion v_x gerade die Deltafunktion ist,

$$v_x(x_1) = \delta(x_1 - x). \qquad (2.5)$$

Man kann dann den Gesamtzustand (2.1) statt nach den Impuls-Eigenfunktionen nach diesen Orts-Eigenfunktionen entwickeln,

$$\Psi(x_1, x_2) = \int\limits_{-\infty}^{\infty} dx \; \varphi_x(x_2) v_x(x_1), \qquad (2.6)$$

wobei

$$\varphi_x(x_2) := \int\limits_{-\infty}^{\infty} dp \; e^{2\pi i(x - x_2 + x_0)p/h} = h\delta(x - x_2 + x_0) \qquad (2.7)$$

die Eigenfunktion des Ortsoperators $Q = x_2$ von Teilchen II ist. Dessen Eigenwert lautet $x + x_0$, was ja gleich dem Koordinatenwert von Teilchen II ist.[5] Da

$$[P, Q] \equiv PQ - QP = \frac{h}{2\pi i}$$

ist, handelt es sich bei $\psi_p(x_2)$ und $\varphi_x(x_2)$ also tatsächlich um Eigenfunktionen von nichtkommutierenden Operatoren, nämlich von Ort und Impuls des Teilchens II. Nichtkommutierenden Operatoren entsprechen physikalische Größen, die nicht gleichzeitig meßbar sind und für die deshalb eine Heisenbergsche Unbestimmtheitsrelation gilt.

---

[5] Es sollte betont werden, daß die Differenz $x_1 - x_0$ und die Summe $p_1 + p_2$ kommutierenden Operatoren entsprechen, diese also gleichzeitig „meßbar"sind.

Soweit das erläuternde Beispiel, das ein Spezialfall für den zu Beginn des zweiten Teils diskutierten allgemeinen Fall ist. EPR kehren nun zu dieser allgemeinen Diskussion zurück und wenden sich ihrer Schlußfolgerung zu. Sie nehmen an, daß die Wellenfunktionen ψ_k und φ_r von System II Eigenfunktionen von nichtkommutierenden Operatoren P und Q mit Eigenwerten p_k und q_r sind. Der (in Gedanken vorgestellte) Experimentator hat nun die freie Wahl, an System I entweder A *oder* B zu messen. Mißt er A, so liegt in System II die Wellenfunktion $\psi_k(x_2)$ vor (im obigen Beispiel gleich der Funktion $\psi_p(x_2)$ in (2.4)), mit Eigenwert p_k (oben: p); mißt er hingegen in I die Größe B, so liegt in II die Wellenfunktion $\varphi_r(x_2)$ vor (oben: $\varphi_p(x_2)$), mit Eigenwert q_r (oben: $x + x_0$). In keinem Fall wird dabei das System II gestört! EPR bringen jetzt zum zweitenmal das eingangs vorgestellte Realitätskriterium ins Spiel:

> Im Einklang mit unserem Realitätskriterium müssen wir im ersten Fall die Größe P als ein Element der Realität betrachten, im zweiten Fall ist die Größe Q als ein Element der Realität anzusehen. Wie wir aber gesehen haben, gehören beide Wellenfunktionen ψ_k und φ_r zur gleichen Realität.

EPR schließen nun wie folgt. Im ersten Teil ihrer Arbeit ziehen sie den Schluß, daß von den obigen Aussagen A_1 und A_2 entweder A_1 falsch sein müsse oder A_2, das heißt, daß entweder die Beschreibung durch Wellenfunktionen unvollständig ist oder nichtkommutierende Größen nicht gleichzeitig real sind. Im zweiten Teil ihrer Arbeit schließen sie: $A_1 \Rightarrow A_2$, das heißt, aus der Annahme der Vollständigkeit folgt die gleichzeitige Realität nichtkommutierender Größen. Nach den Regeln der elementaren Logik sind die Schlüsse von Teil 1 und von Teil 2 der Arbeit nur dann beide wahr, falls entweder A_1 und A_2 beide falsch sind oder falls A_1 falsch und A_2 wahr ist. Da das Gedankenexperiment nach EPR zeigt (unter Annahme der Separabilität), daß A_2 wahr ist, muß also A_1 falsch sein, das heißt, die Beschreibung der Realität durch Wellenfunktionen ist unvollständig. Das ist die Kernaussage der Arbeit.

Tatsächlich folgt die Wahrheit der Aussage A_2 direkt aus dem Kriterium der Lokalität oder Separabilität (obwohl diese Begriffe[6] in der Arbeit in der Arbeit nicht explizit erscheinen): Vorgänge an System I können das weit entfernte System II nicht beeinflussen. Im zweiten Teil ihrer Arbeit zeigen EPR nur, daß A_2 wahr ist, wenn man die Lokalität annimmt; A_1 kommt eigentlich gar nicht vor. Man kann dann direkt aus dem Ergebnis von Teil 1 (A_1 falsch oder A_2 falsch) folgern, daß A_1 falsch sein muß, die Beschreibung durch Wellenfunktionen also unvollständig ist. EPR schließen ihren Artikel mit den Sätzen:

---

[6] Beide Begriffe werden in der Literatur manchmal als gleichbedeutend, manchmal als unterschiedlich verstanden. Wir folgen hier der Bedeutung, die d'Espagnat als EINSTEIN-SEPARABILITÄT bezeichnet (d'Espagnat 1995, S. 132) und die Einstein später wie folgt umschrieben hat (Einstein 1949a, S. 32): „Der reale Sachverhalt (Zustand) des Systems S_2 ist unabhängig davon, was mit dem von ihm räumlich getrennten System S_1 vorgenommen wird." Damit sind die (raumartig getrennten) Systeme I und II der EPR-Arbeit gemeint.

Während wir somit gezeigt haben, daß die Wellenfunktion keine vollständige Beschreibung der physikalischen Realität liefert, lassen wir die Frage offen, ob eine solche Beschreibung existiert oder nicht. Wir glauben jedoch, daß eine solche Theorie möglich ist.

Zuvor weisen sie jedoch auf ein mögliches Schlupfloch hin, mit dem man den Schluß auf die Unvollständigkeit der Quantentheorie vermeiden könnte:

Tatsächlich würde man nicht zu unserer Schlußfolgerung gelangen, bestünde man darauf, zwei oder mehr physikalische Größen *nur dann* zugleich als Elemente der Realität zu betrachten, *wenn sie gleichzeitig gemessen oder vorhergesagt werden können.*

Da die gleichzeitige Messung von nichtkommutierenden Größen A und B an System I nicht möglich ist, könnten dann P und Q für das System II nicht zugleich real sein, obwohl System II beliebig weit entfernt ist. EPR hierzu:

Dadurch wird der Realitätsanspruch von P und Q vom Vorgang der Messung abhängig, die am ersten System ausgeführt wird und die auf keine Weise das zweite System beeinflußt.

EPR erwarten nicht, daß dies eine vernünftige Definition der Realität zuläßt. Bohr ist da ganz anderer Meinung (siehe unten).

2.3 Die Bohmsche Version des Gedankenexperiments

Der von EPR in ihrem Gedankenexperiment benutzte Gesamtzustand (2.1) weist einige nachteilige Züge auf. So ist die dort auftauchende Delta-Funktion nicht nur mathematisch etwas aufwendiger in den Formalismus der Quantenmechanik einzubinden (sie ist kein normierbarer Zustand im Hilbert-Raum), sie ist auch dynamisch instabil. Das bedeutet, daß sich ein derartiger Zustand mit der Zeit verbreitet – ein stark lokalisiertes Wellenpaket zerläuft. Eine Version des EPR-Gedankenexperiments, die begrifflich einfacher und mathematisch sauberer ist, wurde von David Bohm (1917 bis 1992) in seinem unter dem Einfluß der Kopenhagener Interpretation geschriebenen Lehrbuch zur Quantenmechanik (Bohm 1951, S. 610–623) vorgestellt. Sie benutzt den Spin von Teilchen und wird seither in den meisten Diskussionen der EPR-Arbeit verwendet. Interessanterweise ist es auch diese Version, die einer experimentellen Realisierung leichter zugänglich ist, welche freilich erst einige Jahrzehnte nach Bohms Vorstellung erfolgen konnte. Dennoch kann auch der ursprüngliche EPR-Zustand (2.1) experimentell als sogenannter *zwei-Moden-gequetschter Zustand*[7] realisiert werden (Leonhardt 1997, S. 74). Diese Realisierung wurde in einer Arbeit von Ou et al. (1992) vorgestellt. Interessanterweise

---

[7] Ein gequetscher Zustand ist ein Zustand, bei dem entweder die Unbestimmtheit (Schwankung) der Ortskoordinate oder die Unbestimmtheit der Impulskoordinate sehr klein wird und als Folge davon (wegen der Unbestimmtheitsrelation) die Unbestimmtheit der konjugierten Größe (also Impuls bzw. Ort) sehr groß.

spielt dieser Zustand eine wichtige Rolle in der Kosmologie und bei Schwarzen Löchern (Kap. 6). Es handelt sich hierbei um einen Zustand, der in einem wohldefinierten Sinne maximale Korrelationen aufweist (Barnett und Phoenix 1989).

Bohm betrachtet in dem Gedankenexperiment ein Molekül, das aus zwei Atomen besteht. Der Spin jedes Atoms sei $\hbar/2$, und das Gesamtsystem sei in einem Zustand, der den Gesamtspin null aufweist. Es liegt hier also eine Antikorrelation vor, was die Richtung der Atomspins in bezug auf eine vorgegebene Richtung betrifft. Diese Richtung ist beliebig.

Durch einen Dissoziationsprozeß werde nun das Molekül in die beiden Atome zerlegt, die sich danach beliebig weit (im Prinzip über astronomische Entfernungen) voneinander entfernen. „Beliebig weit" soll dabei heißen, daß keine Wechselwirkung zwischen den beiden Atomen mehr möglich ist, ganz analog zu den beiden Teilchen in der ursprünglichen Version des EPR-Gedankenexperiments. Dabei soll der Wert null des Gesamtspins erhalten bleiben.

Die Argumentation verläuft dann wie bei EPR. Mißt man zum Beispiel die z-Komponente des Spins für das erste Atom, so kann man wegen der Antikorrelation auf die z-Komponente des zweiten Atoms schließen; findet man etwa bei Atom 1 hierfür den Wert $+\hbar/2$, so muß bei Atom 2 der Wert $-\hbar/2$ vorliegen. Der springende Punkt ist nun, daß man natürlich bei Atom 1 die Spinkomponente in bezug auf irgend eine andere Richtung, zum Beispiel die x-Richtung messen kann. Findet man hierfür bei Atom 1 den Wert $+\hbar/2$, so weist die x-Komponente des Spins bei Atom 2 den Wert $-\hbar/2$ auf. Man kann also wie EPR schließen, daß sämtlichen Spinrichtungen von Atom 2 Realität zukommen müsse. Die verschiedenen Spinrichtungen spielen hier die Rolle der konjugierten Größen Ort und Impuls. Wie letztere kommutieren die Spins in den verschiedenen Richtungen nicht, können also nach den Gesetzen der Quantenmechanik nicht gleichzeitig gemessen werden. Der EPR-Schluß auf die Unvollständigkeit der Quantenmechanik kann also auch in dieser Version vollzogen werden.

Wie sieht die mathematische Beschreibung aus (vgl. für den Formalismus auch Anhang A)? Nach den Regeln der Quantenmechanik hat man für ein Gesamtsystem, das aus zwei Spin-1/2-Systemen besteht, die folgenden vier Basiszustände zur Verfügung:

$$|\psi_a\rangle = |\uparrow\rangle_1|\uparrow\rangle_2, \qquad\qquad |\psi_b\rangle = |\downarrow\rangle_1|\downarrow\rangle_2,$$
$$|\psi_c\rangle = |\uparrow\rangle_1|\downarrow\rangle_2, \qquad\qquad |\psi_d\rangle = |\downarrow\rangle_1|\uparrow\rangle_2. \qquad (2.8)$$

Von diesen vier Basiszuständen beschreiben die beiden letzten Zustände $|\psi_c\rangle$ und $|\psi_d\rangle$ Situationen, in denen jedes der beiden Atome einen bestimmten Spin in z-Richtung aufweist und die beiden Spins antiparallel sind. Allerdings entspricht keiner dieser beiden Zustände einem wohldefinierten Wert für den Gesamtspin, in anderen Worten: Diese Zustände sind keine Eigenzustände des Operators für den Gesamtspin. Der Zustand mit verschwindendem Gesamtspin wird erst durch Interferenz von $|\psi_c\rangle$ und $|\psi_d\rangle$ mit einer ganz speziellen Phasenbeziehung erreicht; es handelt sich um den „Singulett-Zustand"

$$|\Psi\rangle = \frac{1}{\sqrt{2}}\left(|\psi_c\rangle - |\psi_d\rangle\right). \qquad (2.9)$$

Es ist dieser Zustand, der bei Bohm die Rolle des EPR-Zustands (2.1) übernimmt. Würde man in (2.9) statt des Minuszeichens ein Pluszeichen wählen, so erhielte man einen Zustand mit Gesamtspin 1; die genaue Phasenbeziehung[8] zwischen den beiden Komponenten ist also entscheidend.

Der Zustand (2.9) entspricht zwar einem definiten Gesamtspin (mit Wert 0), läßt aber die Einzelspins der beiden Atome unbestimmt. Bei einer Messung des Spins von Atom 1 geht dann dieser Zustand mit bestimmtem Gesamtspin und unbestimmten Einzelspins über in einen Zustand mit unbestimmtem Gesamtspin und bestimmten Einzelspins, nämlich in den Zustand $|\psi_c\rangle$ oder $|\psi_d\rangle$ (dies ist der oben diskutierte Kollaps der Wellenfunktion).

Die Form des Zustands (2.9) läßt sich auf alle Spinrichtungen verallgemeinern. Für den Fall zweier antiparalleler Spins in x-Richtung und mit Gesamtspin null kann *derselbe* Zustand (2.9) in die Spineigenzustände bezüglich der x-Richtung zerlegt werden:

$$|\Psi\rangle = \frac{1}{\sqrt{2}} (|\rightarrow\rangle_1 |\leftarrow\rangle_2 - |\leftarrow\rangle_1 |\rightarrow\rangle_2) \tag{2.10}$$

Eine ähnliche Zerlegung kann man für jede beliebige Richtung vornehmen; der Quantenzustand ist völlig richtungsunabhängig.

Findet man für Atom 1 bei einer Messung, daß der Spin nach rechts zeigt, so muß nach der Messung der Spin für Atom 2 nach links weisen und umgekehrt. Die Argumentation läuft dann ab, wie oben geschildert. Da man ohne Atom 2 zu stören an Atom 1 *entweder* den Spin in z-Richtung *oder* den Spin in x-Richtung messen kann, muß beiden Spinrichtungen für Atom 2 eine Realität zukommen. Wegen der Richtungsunabhängigkeit des Zustands gilt diese Argumentation tatsächlich für *alle* Richtungen. Die Beschreibung durch die Wellenfunktion, die das nicht zuläßt, muß also unvollständig sein.

Es muß betont werden, daß es nicht möglich ist, durch die Messung an Atom 1 Signale zu Atom 2 zu senden.[9] Für Atom 2 liegt für beide Zerlegungen (2.9) und (2.10) dieselbe reduzierte Dichtematrix (siehe Anhang) vor. Diese ist bezüglich jeder Richtung von der Form

$$\rho_{\text{red}} = \frac{1}{2} \begin{pmatrix} 1 & 0 \\ 0 & 1 \end{pmatrix}. \tag{2.11}$$

Dieser reduzierten Dichtematrix entspricht für die z-Richtung ein Ensemble von 50 % Atomen mit Spin in die positive und 50 % Atomen in die negative Richtung; analog gilt dies für alle Richtungen. Durch eine Messung an Atom 2 kann also nicht entschieden werden, ob eine Messung an Atom 1 stattgefunden hat oder nicht.

---

[8] Da die Wellenfunktionen komplexe Größen sind, werden sie durch eine Amplitude und eine Phase (einen Winkel) charakterisiert. Unter Phasenbeziehung versteht man den *relativen* Winkel zwischen den Wellenfunktionen; in (2.9) beträgt dieser wegen des Minuszeichens 180 Grad, bei einem Pluszeichen hätte man 0 Grad.

[9] Ein allgemeiner Beweis dieser Tatsache in Meßsituationen findet sich in d'Espagnat (1995, S. 117ff.) und wird dort als „Parameterunabhängigkeit" bezeichnet. Es kann also insbesondere keine Kommunikation mit Überlichtgeschwindigkeit stattfinden.

Wie hat Bohm das EPR-Gedankenexperiment interpretiert? Er greift direkt das Kriterium der lokalen Realität an, das EPR anwenden. Er behauptet, daß es eine eindeutige Beziehung zwischen mathematischer Theorie und „Elementen der Realität" nur auf klassischer Ebene gebe; in der Quantentheorie hingegen könne man nur von einem statistischen Bezug zwischen der Wellenfunktion und dem System reden (Bohm benutzt den Ausdruck *potentiality*). Wegen dieses rein statistischen Zugs der Natur könne man eben nicht von einem genau definierten Element der Realität etwa für den Ort eines Elektrons sprechen. Da die EPR-Annahme auf die Quantentheorie nicht zutreffe, so Bohm, könne man auch nicht den Schluß auf deren Unvollständigkeit ziehen. Er schreibt (Bohm 1951, S. 622):

> … the present form of quantum theory implies that the world cannot be put into a one-to-one correspondence with any conceivable kind of precisely defined mathematical quantities, and that a complete theory will always require concepts that are more general than that of analysis into precisely defined elements.

Es muß allerdings betont werden, daß es für EPR gerade der statistische Charakter der Quantentheorie ist, der ihre Unvollständigkeit zum Ausdruck bringt.

Bohms Unbehagen über die Quantentheorie führte im darauf folgenden Jahr zu einer eigenen Interpretation, die man heute als de Broglie-Bohm- oder Bohm-Interpretation kennt. Dort gibt es dann tatsächlich für ein Elektron eine Ortsvariable *zusätzlich* zur Wellenfunktion; davon unten mehr.

Bohm schließt das entsprechende Kapitel in seinem Lehrbuch mit einer kurzen Argumentation ab, welche die Unvereinbarkeit der lokalen Realität (in der Form von versteckten lokalen Variablen) mit der Quantenmechanik beweisen soll. Eine überzeugende mathematische Formulierung ist durch die unten diskutierten Bellschen Ungleichungen (Abschn. 5.2) gegeben, die zum Ausdruck bringen, daß Quantenmechanik und Vorstellung einer lokalen Realität unvereinbar sind. Es läßt sich dann *experimentell* entscheiden, ob diese Vorstellung korrekt ist oder nicht.

2.4   Die Rolle von Einsteins Koautoren

Den Lebensweg von Einsteins Koautoren bis zu ihrem Eintreffen in Princeton 1933 beziehungsweise 1934 haben wir bereits in der Vorgeschichte ganz zu Anfang kurz diskutiert. Wie aber geht die Geschichte weiter?

Wie sich aus Zitaten und Indizien ablesen läßt, war es wohl Podolsky, der sich in erster Linie um die Abfassung des EPR-Artikels kümmerte. Einstein war mit dem Ergebnis in sprachlicher Hinsicht nicht wirklich zufrieden.[10]

So schreibt Einstein am 19. Juni 1935 an Schrödinger (von Meyenn 2011):

---

[10] Andrew Whitaker schreibt hierzu (Whitaker 2012, S. 78): „And it was Podolsky who put the argument together and wrote the account of the ideas that was published. But unfortunately in doing so, he irritated Einstein very much, because Podolsky was an expert in logic, and wrote the paper rather as an exercise in formal logic, instead of the comparatively straightforward argument that

Diese ist aus Sprachgründen von Podolsky geschrieben nach vielen Diskussionen. Es ist aber nicht so gut herausgekommen, was ich eigentlich wollte; sondern die Hauptsache ist sozusagen durch Gelehrsamkeit verschüttet.

Die eigentliche Schwierigkeit liegt darin, daß die Physik eine Art Metaphysik ist; Physik beschreibt „Wirklichkeit". Aber wir wissen nicht, was „Wirklichkeit" ist; wir kennen sie nur durch die physikalische Beschreibung!

Daß Podolsky für den sprachlichen Teil verantwortlich war,[11] läßt sich auch aus dem fehlenden bestimmten Artikel im Titel der EPR-Arbeit erschließen; in „Can Quantum-Mechanical Description of Physical Reality Be Considered Complete?" fehlt nach dem *Can* ein *the*. Diese Auslassung ist für einen aus Rußland stammenden Wissenschaftler nicht ungewöhnlich. Während Bohr in seiner Replik mit Absicht den Titel der EPR-Arbeit wählt, benutzt der amerikanische Physiker Arthur E. Ruark in seinem Kommentar zur EPR-Arbeit den bestimmten Artikel (Ruark 1935). Abraham Pais merkt in seiner Einstein-Biographie zudem an, daß Einstein nicht den Ausdruck *Wellenfunktion*, sondern die Bezeichnung ψ*-Funktion* verwendet hätte (Pais 2009, S. 499).

Nach Fertigstellung der EPR-Arbeit hatte Einstein allem Anschein nach keinen Kontakt mehr zu Podolsky. Das war nicht so sehr der Tatsache geschuldet, daß in dem Artikel die Hauptsache durch Gelehrsamkeit verschüttet war, sondern ist einer Eigenmächtigkeit Podolskys zu verdanken, die Einstein in Rage brachte. So berichtete die Samstagsausgabe der *New York Times* vom 4. Mai 1935 (zehn Tage vor Erscheinen des EPR-Artikels im *Physical Review*!) unter dem Aufmacher „Einstein Attacks Quantum Theory" relativ ausführlich von der EPR-Arbeit.[12] Angehängt war eine Zusammenfassung der EPR-Arbeit von Podolsky, der den Zeitungsbericht in die Wege geleitet hatte, ohne seine Koautoren zu informieren. Wie ungehalten Einstein darüber war, kann man der Tatsache entnehmen, daß die *New York Times* am 7. Mai 1935 die folgende Darstellung Einsteins abdruckte (zitiert nach Jammer (1974, S. 190)).

Any information upon which the article 'Einstein Attacks Quantum Theory' in your issue of May 4 is based was given to you without authority. It is my invariable practice to discuss scientific matters only in the appropriate forum and I deprecate advance publication of any announcement in regard to such matters in the secular press.

Boris Podolsky wurde 1935 Professor an der Universität von Cincinnati und wechselte 1961 an die Xavier-Universität, ebenfalls in Cincinnati gelegen. Er starb 1966. Wissenschaftlich beschäftigte er sich vor allem mit Verallgemeinerungen der Elektrodynamik.

Einstein thought was possible." Einstein hat deshalb bei späteren Gelegenheiten versucht, das Wesen des Arguments mit seinen eigenen Worten herauszustellen, zum Beispiel in dem hier abgedruckten Artikel in der Zeitschrift *Dialectica*.

[11] Warum der Amerikaner Rosen nicht für die Abfassung des Artikels Sorge trug, läßt sich nur vermuten. Vielleicht war er den Koautoren noch zu jung oder, was eher der Fall sein dürfte, Podolsky war als Person zu dominant.

[12] Es heißt dort: „Professor Einstein will attack science's important theory of quantum mechanics, a theory of which he was a sort of grandfather. He concludes that while it is 'correct' it is not 'complete'." (Zitiert nach Jammer (1974), S. 189.)

Abb. 2.1 Gruppenphoto von der Tagung an der Xavier University 1962; in der vorderen Reihe sind zu sehen (*von links nach rechts*): Eugene Wigner, Nathan Rosen, Paul Dirac, Boris Podolsky, Yakir Aharonov und Wendell Furry

Seine späteren Äußerungen zur EPR-Arbeit bekräftigen die Hauptaussage dieser Arbeit, nämlich die Unvollständigkeit der Quantenmechanik. Diese sind in erster Linie seinen Beiträgen zu entnehmen, die er zu einer von ihm mitorganisierten Tagung an der Xavier-Universität beisteuerte. Diese Tagung fand vom 1.–5. Oktober 1962 statt und war den Grundlagen der Quantentheorie gewidmet. Unter anderem nahmen Rosen, Dirac und Wigner daran teil. Die Vorträge und Diskussionsbeiträge dieser Tagung stehen im Internet zur Verfügung und bieten eine Fülle an interessanten Gedanken (Xavier University 1962).[13]

Der Beitrag von Nathan Rosen zur EPR-Arbeit lag wohl in erster Linie darin, den verschränkten Zustand (2.1) vorgeschlagen und sich um die Ausarbeitung der konkreten Rechnung gekümmert zu haben. Das ist angesichts von Rosens Vorgeschichte nicht weiter erstaunlich. Im Zusammenhang mit seiner Dissertation am MIT hatte Rosen bereits 1931 eine Arbeit zum Wasserstoffmolekül publiziert (Rosen 1931). In Gleichung (10) dieser Arbeit benutzt er die Wellenfunktion

$$\Psi = \psi(a1)\psi(b2) + \psi(b1)\psi(a2), \tag{2.12}$$

wobei sich a und b auf die beiden Atomkerne und 1 und 2 auf die beiden Elektronen beziehen.

Auf den ersten Blick sieht (2.12) wie ein verschränkter Zustand aus, ähnlich dem später in der EPR-Arbeit benutzten Zustand (2.1). Tatsächlich handelt es sich aber nur um eine

---

[13] Photo (Abb. 2.1) aus: http://www.titanians.org/about-bob-podolsky/ Dort gibt es auch ein Photo von Boris Podolsky.

formale Symmetrisierung, die vorgenommen werden muß, wenn man mit dem klassischen Konstrukt der Teilchennummern arbeitet (vgl. hierzu etwa Zeh 2013, S. 10). Eine richtige Verschränkung beinhaltet die Verschränkung der Relativkoordinaten, im allgemeinen Fall (falls die Spin-Bahn-Kopplung nicht vernachlässigbar ist) auch den Spin. Diesen Unterschied sah Rosen 1931 vermutlich noch nicht. Einen verschränkten Zustand für das Wasserstoffmolekül benutzt Hylleraas (1931), siehe die dortige Gleichung (21); Hylleraas hatte bereits 1929 einen verschränkten Zustand für das Helium-Atom formuliert, siehe Gleichung (11) in Hylleraas (1929).[14] Nur bei Berücksichtigung dieser Verschränkung ergeben sich die korrekten Grundzustandsenergien. Diesen wichtigen Punkt betont Heisenberg schon 1935 (Heisenberg 1935, S. 418):

> Ferner kann man darauf hinweisen, daß der natürliche Charakter der Quantenmechanik aufs engste mit dem formalen Umstand verknüpft ist, daß ihr mathematisches Schema von Wellenfunktionen im mehrdimensionalen Konfigurationsraum, nicht im gewöhnlichen Raum handelt, und daß eben dieser Zug der Quantenmechanik durch die korrekte Wiedergabe der komplizierteren Atomspektren eine genaue Bestätigung erfahren hat.

Moderne Untersuchungen widmen sich unter anderem der Berechnung der formalen Verschränkungsentropie dieser Zustände (Lin und Ho 2014).

Im Unterschied zu Podolsky brach der Kontakt mit Rosen nicht ab. Tatsächlich entwickelte sich in den Jahren nach 1935 eine fruchtbare Zusammenarbeit zwischen Einstein und Rosen zu Problemen der Allgemeinen Relativitätstheorie. An der vielleicht wichtigsten Publikation zu diesem Thema arbeiteten Einstein und Rosen parallel zur EPR-Arbeit. Der Artikel „The Particle Problem in the General Theory of Relativity" wurde am 8. Mai 1935 beim *Physical Review* eingereicht (also eine Woche vor Erscheinen des EPR-Artikels) und erschien dort am 1. Juli desselben Jahres (Einstein und Rosen 1935). Hier stellen die Autoren das vor, was man später die „Einstein-Rosen-Brücke" oder das „Einstein-Rosen-Wurmloch" nennen sollte.

Worum geht es dabei? Nach der Allgemeinen Relativitätstheorie wird die Geometrie im Außenraum einer kugelsymmetrischen Massenverteilung durch eine Lösung der Feldgleichungen beschrieben, die der Astronom Karl Schwarzschild bereits 1916 fand und die man als „Schwarzschild-Lösung" bezeichnet. In der ursprünglich benutzten Form hat diese Lösung allerdings einen unschönen Zug: sie wird bei einem bestimmten Abstand vom Mittelpunkt singulär, also unbrauchbar.[15] Bei dem Versuch, diese Singularität auszumerzen, stießen Einstein und Rosen auf eine Lösung, bei der zwei Exemplare des Außenraums durch eine kleine Brücke (ein „Wurmloch") miteinander verbunden werden (siehe Abb. 2.2).

Eine solche Lösung gibt es auch bei Anwesenheit des elektromagnetischen Feldes. Einstein und Rosen interpretierten deshalb diese Brücke als mögliches Modell für Elementarteilchen (etwa für Protonen und Elektronen). Damit ließe sich dann die Existenz

---

[14] Eine Diskussion der von Hylleraas benutzten Methode findet sich etwa in Sommerfeld (1944), S. 677ff. oder in Bethe und Salpeter (1957), S. 232ff.

[15] Hierbei handelt es sich um die Koordinatensingularität beim Schwarzschild-Radius.

Abb. 2.2 Einstein-Rosen-
Brücke (Abbildung hergestellt
durch AllenMcC.; Verbreitung
genehmigt durch eine *Creative
Commons Attribution-Share
Alike 3.0 Unported license*)

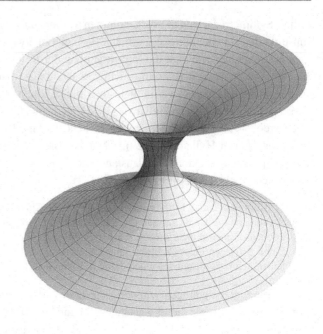

der Materie direkt aus den Feldgleichungen ableiten, ohne eigens hinzugefügt werden zu
müssen. Am Ende ihrer Arbeit schreiben sie:

> ... one does not see *a priori* whether the theory contains the quantum phenomena. Never-
> theless one should not exclude *a priori* the possibility that the theory may contain them.

Und in seinem Brief vom 7. Juni 1935 schreibt Einstein an Schrödinger (von Meyenn
2011, Band 2, S. 536):

> Ich habe gefunden, daß allgemein relativistisch neutrales Massenteilchen und elektrisches
> Teilchen sich ohne Zusatzglieder als singularitätsfreie Felder darstellen lassen. Es be-
> steht aber eine ernst zu nehmende Möglichkeit, die Atomistik relativistisch-feldtheoretisch
> darzustellen, wenn es auch mathematisch überaus schwierig erscheint, zu den Mehrkörper-
> Problemen vorzudringen. Ich glaube vom prinzipiellen Standpunkt absolut nicht an eine
> statistische Basis der Physik im Sinne der Quantenmechanik, so fruchtbar sich dieser Forma-
> lismus im Einzelnen auch erweist. Ich glaube nicht, daß man eine derartige Theorie allgemein
> relativistisch durchführen kann.

Hier zeigt sich der Zusammenhang mit der EPR-Arbeit! Durch Konstruktionen wie
die der Einstein-Rosen-Brücke wollte Einstein eine Vervollständigung der Quantentheorie
schaffen. Wir werden darauf noch zurückkommen. Wie man später festgestellt hat, ist die
Lösung aus Einstein und Rosen (1935) hierfür jedoch nicht geeignet, da sie instabil ist und

deshalb nicht als Modell für ein Elementarteilchen dienen kann. Sie könnte als klassisches Konstrukt natürlich auch nicht die EPR-Situation erklären.[16]

Es sollten noch zwei weitere gemeinsame Publikationen von Einstein und Rosen folgen. Die eine behandelt das Zweikörperproblem im Rahmen der Allgemeinen Relativitätstheorie (Einstein und Rosen 1936), die andere das Phänomen der zylindrischen Gravitationswellen (Einstein und Rosen 1937).

Nach 1936 war Rosen zunächst Professor an der Universität Kiew und ab 1941 an der Universität von North Carolina in Chapel Hill. Von 1953 bis zu seinem Tod 1995 war er Professor am Technion in Haifa. Wie Einstein und Podolsky bekräftigte auch Rosen immer wieder die Kernaussage des EPR-Artikels, die in der Unvollständigkeit der Quantenmechanik gipfelt, siehe etwa Rosen (1979). Zu seinen Schülern gehört unter anderem Asher Peres (1934 bis 2005), der sich ebenfalls Verdienste um die Grundlagen der Quantentheorie erwarb, insbesondere auf dem recht neuen Gebiet der sogenannten Quanteninformation.

2.5 Kritische Wertung

In ihrer Arbeit schlossen EPR auf die Unvollständigkeit der Quantentheorie. Die Details dieses Schlusses haben wir bereits ausführlich diskutiert. Hier sollen in erster Linie die der Arbeit zugrunde liegenden Annahmen erörtert werden, seien sie explizit oder implizit. Aus Gründen der Systematik verlassen wir hier die historische Reihenfolge, zu der wir im folgenden Kapitel über die Rezeptions- und Wirkungsgeschichte wieder zurückkehren.

Da ist zunächst das Realitätskriterium, wonach es ein einer physikalischen Größe entsprechendes Element der Realität gibt, wenn wir, ohne das System zu stören, den Wert dieser Größe mit Sicherheit vorhersagen können, siehe den Anfang von Abschn. 2.2. Wie Beller und Fine (1994) bemerken, wird das Realitätskriterium in der EPR-Arbeit jedoch nur einmal angewandt, und zwar indirekt. Im Anschluß an die EPR-Gleichung (1) wird der unstrittige quantenmechanische Sachverhalt erwähnt, wonach eine physikalische Größe mit Sicherheit den Wert a hat, wenn sich das System in einem durch eine Wellenfunktion beschriebenen Zustand befindet, die eine Eigenfunktion des die Größe beschreibenden Operators A mit Eigenwert a ist („Eigenfunktion-Eigenwert-Verknüpfung"). Dann, so EPR, gebe es „in Übereinstimmung mit unserem Realitätskriterium" ein Element der physikalischen Realität, das der Größe A entspricht. Bei der Erwähnung des Realitätskriteriums in Teil 2 der EPR-Arbeit geht es einzig um diese Verknüpfung. Es wird dort eben *nicht* gezeigt, daß P und Q im System II *gleichzeitig* real sind; um dies mittels des Realitätskriteriums zu zeigen, müßten A und B an System I *gleichzeitig* meßbar sind,

---

[16] Über einen möglichen Zusammenhang wird dennoch in Maldacena und Susskind (2013) spekuliert.

was aber die Quantenmechanik, deren Korrektheit für EPR außer Zweifel steht, verbietet. EPR zeigen nur, daß System II eine Realität besitzt, die sich sowohl durch eine Impuls-Eigenfunktion als auch durch eine Orts-Eigenfunktion beschreiben läßt. Dieser Punkt ist für die Bewertung von Bohrs Erwiderung in Abschn. 4.2 von zentraler Bedeutung.

Nach Fine (1996, S. 5) wird das EPR-Realitätskriterium von Einstein später nicht mehr erwähnt. Es scheint also – zumindest für Einstein – keine wichtige Rolle für den Gang der Argumentation zu spielen. Wie Einstein in dem oben zitierten Brief an Schrödinger geschrieben hat, wurde die Hauptsache in der EPR-Arbeit durch Gelehrsamkeit verschüttet. Was aber kommt heraus, wenn man diese Gelehrsamkeit beiseite schiebt und den Kern der Argumentation freilegt? Was ist für Einstein die zentrale Annahme, die der EPR-Arbeit zugrunde liegt? Einstein hat sich mehrfach dazu geäußert, zunächst in seinen Briefen an Schrödinger, später dann in seinem Aufsatz „Physik und Realität" (Einstein 1936), dem in diesem Band abgedruckten Artikel in der Zeitschrift *Dialectica* (Einstein 1948) sowie in seinen beiden Beiträgen zu dem von Paul Arthur Schilpp herausgegebenen Sammelband (Einstein 1949a,b) und dem Beitrag zur Born-Festschrift (Einstein 1953a). Hieraus geht eindeutig hervor, daß es Einstein um die Lokalität oder Separabilität (Trennbarkeit) von physikalischen System geht, in dem EPR-Beispiel um die Separabilität der Teilsysteme I und II. Es lohnt sich, einen detaillierten Blick auf den bereits oben zitierten Brief von Einstein an Schrödinger vom 19. 6. 1935 – etwa einen Monat nach Erscheinen der EPR-Arbeit – zu werfen, in dem Einstein die wesentlichen Punkte anhand eines Beispiels klar herausstellte (von Meyenn 2011, Band 2, S. 537). Einstein hebt wie folgt an:

> Vor mir stehen zwei Schachteln mit aufklappbarem Deckel, in die ich hineinsehen kann, wenn sie aufgeklappt werden; letzteres heißt „eine Beobachtung machen". Es ist außerdem eine Kugel da, die immer in der einen oder anderen Schachtel vorgefunden wird, wenn man eine Beobachtung macht.
>
> Nun beschreibe ich einen Zustand so: *Die Wahrscheinlichkeit dafür, daß die Kugel in der ersten Schachtel ist, ist 1/2.*
>
> Ist dies eine vollständige Beschreibung?

Einstein stellt dann die beiden alternativen Antworten vor. Die Antwort müsse *nein* lauten, wenn man als vollständige Aussage versteht, daß die Kugel in der ersten Schachtel sei oder nicht. Hingegen müsse die Antwort *ja* lauten, wenn man annimmt (wie es die meisten Quantentheoretiker zu jener Zeit taten), daß die Kugel gar nicht in einer der beiden Schachteln ist, bevor man den Deckel aufklappt. Der Zustand ist dann durch die Wahrscheinlichkeit 1/2 vollständig beschrieben, und es gibt keine Realität außerhalb der durch die Beobachtungen beschriebenen statistischen Gesetzmäßigkeiten. Einstein baut dann die Brücke zur Quantentheorie:

> Vor der analogen Alternative stehen wir, wenn wir die Beziehung der Quantenmechanik zur Wirklichkeit deuten wollen. Bei dem Kugel-System ist natürlich die zweite „spiritistische" oder Schrödingersche Interpretation sozusagen abgeschmackt und nur die erste „Bornsche" würde der Bürger ernst nehmen. Der talmudische Philosoph aber pfeift auf die „Wirklichkeit"

als auf einen Popanz der Naivität und erklärt beide Auffassungen als nur der Ausdrucksweise nach verschieden.

Einstein läßt nun die Katze aus dem Sack und stellt sein Prinzip der Separabilität vor, aus dem in der EPR-Arbeit, obgleich durch Gelehrsamkeit verschüttet, die Unvollständigkeit der Quantentheorie folgt. Er schreibt an Schrödinger (Hervorhebungen von Einstein):

> *Meine* Denkweise ist nun so: An sich kann man dem Talmudiker nicht beikommen, wenn man kein zusätzliches Prinzip zu Hilfe nimmt: „Trennungsprinzip". Nämlich: „die zweite Schachtel nebst allem, was ihren Inhalt betrifft, ist unabhängig davon, was bezüglich der ersten Schachtel passiert" (getrennte Teilsysteme). Hält man an dem Trennungsprinzip fest, so schließt man dadurch die zweite („Schrödingersche") Auffassung aus und es bleibt nur die Bornsche, nach welcher aber die obige Beschreibung des Zustands eine *unvollständige* Beschreibung der *Wirklichkeit*, bzw. der wirklichen Zustände ist.

Einstein faßt dann noch einmal den wesentlichen Gedankengang der EPR-Arbeit unter Benutzung des mathematischen Formalismus und der expliziten Anwendung seines Trennungsprinzips zusammen.

Wesentlich für Einstein ist also das Kriterium der lokalen Realität oder Separabilität; ohne diese Annahme verliere man, so Einstein, die Basis einer vernünftigen Naturbeschreibung. In seinen späteren Aufsätzen hat er die bereits in dem Brief an Schrödinger geschilderten Grundgedanken auf eine allgemeinere philosophische Ebene gehoben. So schreibt er in seinem *Dialectica*-Aufsatz (Einstein 1948, S. 321):

> Ohne die Annahme einer solchen Unabhängigkeit der Existenz (des „So-Seins") der räumlich distanten Dinge voneinander, die zunächst dem Alltags-Denken entstammt, wäre physikalisches Denken in dem uns geläufigen Sinne nicht möglich.

Hieraus schließt Einstein auf die Unvollständigkeit der Quantentheorie, da man derselben lokalen Realität verschiedene Wellenfunktionen zuordnen könne. Die Annahme der Vollständigkeit entspräche der „Hypothese einer schwer annehmbaren Fernwirkung" (Einstein 1948, S. 323), was für ihn mit der Relativitätstheorie unvereinbar ist. Daß die Annahme einer lokalen Realität nicht nur in Widerspruch zur Vollständigkeit der Quantentheorie steht, sondern gar zu ihrer Konsistenz und zu durchführbaren Experimenten, wurde erst im Zusammenhang mit der nach Einsteins Tod erfolgten Aufstellung der Bellschen Ungleichungen (Abschn. 5.2) völlig klar. Es ist freilich müßig, sich im nachhinein die Reaktion Einsteins auf diese Entwicklungen vorzustellen.

Aus den allgemeinen Bemerkungen Einsteins ergibt sich auch, daß für die Argumentation tatsächlich die Betrachtung einer Variable (zum Beispiel der Ortskoordinate) ausreicht. Die Betrachtung zweier Variablen, die nicht kommutieren und deshalb nicht gleichzeitig meßbar sind, verschärft noch zusätzlich die Aussage, hat aber in erster Linie historische Wurzeln, da ihr die Diskussion um die Unbestimmtheitsrelationen voranging. Betrachten wir nämlich eine verschränkte Wellenfunktion $\Psi(x_1, x_2)$, so können wir wie folgt schließen. Wegen dieser Verschränkung haben x_1 für sich und x_2 für sich keine Realität. Erst wenn dieser Zustand durch eine Messung von (z. B.) x_1 in einen Produktzustand übergeht und man darüber hinaus Einsteins Trennungsprinzip annimmt, kann man auch x_2 eine eigene Realität zuordnen. Sehr früh hat etwa Edward Teller (1908 bis 2003) diesen Punkt betont, wie aus einem Brief an Schrödinger vom Juni 1935 hervorgeht (von Meyenn 2011, S. 530); Teller will aus diesem Grunde gar nicht von Realität sprechen.

Sein „erkenntnistheoretisches Credo" führt Einstein insbesondere in seinen Beiträgen zur Schilpp-Festschrift aus. So schreibt er dort (Einstein 1949a, S. 31):

> Die Physik ist eine Bemühung, das Seiende als etwas begrifflich zu erfassen, was unabhängig vom Wahrgenommen-Werden gedacht wird. In diesem Sinne spricht man vom „Physikalisch-Realen".

In seiner Entgegnung auf die in dem Band versammelten Aufsätze betont er (Einstein 1949b, S. 236):

> Das „Sein" ist immer etwas von uns gedanklich Konstruiertes, also von uns (im logischen Sinne) frei Gesetztes.

Er wendet sich hier in erster Linie gegen den klassischen Positivismus und das Motto *esse est percipii*, demgemäß Sein erst durch Beobachtung entsteht. Vergleicht man diese Zitate mit dem Anfangsabschnitt der EPR-Arbeit, so stellt man einen deutlichen Unterschied fest. Während dort die Realität als objektive Größe vorhanden ist und die Begriffe nur dazu bestimmt sind, diesen zu entsprechen, propagiert Einstein hier die Wahlfreiheit der Begriffe, um sich dem hinter dem Wahrgenommen-Werden steckenden Seienden zu nähern. Einstein betont in diesem Zusammenhang mehrfach die Rolle der Intuition bei der Wahl der richtigen Begriffe. So schreibt er (Einstein 1949a, S. 5):

> Die Begriffssysteme sind zwar an sich logisch gänzlich willkürlich, aber gebunden durch das Ziel, eine möglichst sichere (intuitive) und vollständige Zuordnung zu der Gesamtheit der Sinneserlebnisse zuzulassen; ...

Vieles in diesen Ausführungen erinnert an die wenige Jahre später erschienenen *Philosophische Untersuchungen* (siehe Wittgenstein 1984) des Philosophen Ludwig Wittgenstein (1889 bis 1951), der zum Teil von dem Wiener Kreis um Moritz Schlick beeinflußt war. Dessen Begriff des Sprachspiels entspricht in gewissem Sinne dem freien Setzen der Begriffe von Einstein. Der Hauptunterschied zwischen den beiden ist freilich die eminent wichtige Rolle der empirischen Bewährung der in der Physik gewählten Begriffe.

Da er die Unvollständigkeit der Quantentheorie glaubte erkannt zu haben, suchte Einstein nach einer Vervollständigung dieser Theorie. Allerdings strebte er keine Vervollständigung dieser Theorie von innen heraus an: „Ich glaube aber, daß diese Theorie keinen brauchbaren Ausgangspunkt für die künftige Entwicklung bietet." Einstein sah deshalb keinen Sinn in der Suche nach solchen „verborgenen Variablen", die man einfach zur Wellenfunktion hinzufügen müsse, um zu einer grundlegenderen Theorie zu gelangen.

Einstein suchte den Ausweg vielmehr in der Suche nach einer vereinheitlichten Feldtheorie. Seit den zwanziger Jahren bemühte er sich, die Gravitation mit dem Elektromagnetismus nach dem Vorbild der Allgemeinen Relativitätstheorie zu vereinen. Teilchen – und damit das Verhalten von Atomen und Elektronen, für die sonst die Quantentheorie zuständig ist – sollten sich als singularitätsfreie Lösungen der grundlegenden Feldgleichungen ergeben. Die schon oben erwähnte Arbeit mit Rosen aus dem EPR-Jahr sollte einen ersten Baustein liefern: „Schau Dir die kleine Arbeit an, die ich mit Herrn Rosen in der Physikalischen Review jüngst über eine denkbare relativistische Deutung der Materie publiziert habe. Dies könnte zu etwas führen, wenn sich die mathematischen Schwierigkeiten überwinden lassen."[17]

In seinem Beitrag zur de Broglie-Festschrift betont Einstein noch einmal (Einstein 1953b, S. 17):

Meine Bemühungen, die allgemeine Relativitätstheorie durch Verallgemeinerung der Gravitationsgleichungen zu vervollständigen, verdanken ihre Entstehung zum Teil der Vermutung, daß eine vernünftige allgemein relativistische Feldtheorie vielleicht den Schlüssel zu einer vollkommeneren Quantentheorie liefern könne. Dies ist eine bescheidene Hoffnung, aber durchaus keine Überzeugung.

Wir werden noch zu diskutieren haben, warum diese Hoffnung letztendlich vergeblich sein sollte.

Besonders abgestoßen fühlte sich Einstein von dem statistischen Charakter der Quantentheorie. Berühmt geworden ist eine Stelle aus einem Brief vom 4. Dezember 1926 (also fast zehn Jahre vor der EPR-Arbeit), den Einstein an Born schrieb (Einstein et al. 1986):

Die Quantenmechanik ist sehr achtung-gebietend. Aber eine innere Stimme sagt mir, daß das doch nicht der wahre Jakob ist. Die Theorie liefert viel, aber dem Geheimnis des Alten bringt sie uns kaum näher. Jedenfalls bin ich überzeugt, daß *der* nicht würfelt.

Bereits im Mai 1927, also einen Monat, nachdem er von Heisenbergs Arbeit zu den Unbestimmtheitsrelationen Kenntnis erhalten hatte, hielt Einstein vor der preußischen Akademie der Wissenschaften in Berlin einen Vortrag zu der Frage, ob Schrödingers Wellenmechanik die Bewegung des Systems vollständig bestimme oder nur im Sinne der Statistik. Das eingereichte Manuskript hat Einstein vor der Veröffentlichung zurückgezogen; es steht jedoch online zur Verfügung (Einstein 1927).[18] Einstein stellt darin eine Interpretation vor, die Ähnlichkeiten mit de Broglies Theorie der Führungswellen aufweist. Wichtig in unserem Zusammenhang ist die Feststellung, daß Einstein bereits 1927 die Frage nach der Vollständigkeit der Quantentheorie umtrieb; siehe in diesem Zusammenhang auch Brown (1981).

---

[17] Einstein an Schrödinger, 8. 8. 1935, siehe von Meyenn (2011), Band 2, S. 562.

[18] Hierauf spielt Schrödinger an, wenn er in seinem Brief vom 13. Juli 1935, also kurz nach Erscheinen der EPR-Arbeit, an Einstein schreibt: „Wir haben ja die Dinge, nachdem Du schon vor Jahren in Berlin darauf hingewiesen hattest, in den Seminaren viel und mit heißen Köpfen diskutiert." (von Meyenn 2011, S. 551).

In seinem Beitrag zur Born-Festschrift betonte Einstein später insbesondere die Bedeutung des klassischen Grenzfalls (Einstein 1953a). Er diskutiert als Beispiel eine Wellenfunktion, die auch im makroskopischen Bereich einer Superposition von makroskopisch unterschiedlichen Impulsen entspricht, also kein klassisches Verhalten zeitigt. (Schrödinger hat diese Situation durch sein berühmtes Katzenbeispiel auf den Punkt gebracht, siehe unten.) Aus diesem Grund, so Einstein, könne die Quantenmechanik nur die Wahrscheinlichkeit liefern, bei einer Messung einen bestimmten makroskopischen Impuls zu finden. Er schreibt (Einstein 1953a, S. 40):

> Das Ergebnis unserer Betrachtung ist dieses. Die einzige bisherige annehmbare Interpretation der Schrödinger-Gleichung ist die von Born gegebene statistische Interpretation. Diese liefert jedoch keine Realbeschreibung für das Einzelsystem, sondern nur statistische Aussagen über System-Gesamtheiten.

Tatsächlich hat man erst viel später verstanden, wie der klassische Grenzfall aus der Quantentheorie folgt (siehe Abschn. 5.4 unten). Makroskopische Wellenfunktionen werden unvermeidbar mit den Freiheitsgraden ihrer Umgebung verschränkt, was zu einem Gesamtzustand führt, der für die Variablen des makroskopischen Systems klassisches Verhalten vorgaukelt. Aus diesem Grund läuft das Einsteinsche Argument von 1953, das von einem exakt isolierten Zustand ausgeht, ins Leere.

Für Einstein war und blieb die Quantentheorie zeitlebens eine statistische Beschreibung der Natur, analog zur statistischen Mechanik des 19. Jahrhunderts, die durch eine mikroskopische Theorie ohne fundamentalen Wahrscheinlichkeitscharakter zu ersetzen sei. Dies motivierte zumindest zum Teil seine jahrzehntelange Suche nach einer vereinheitlichten Feldtheorie klassischen Stils, eine Suche, die letztendlich vergeblich blieb.

Einsteins Arbeit von 1948

3

A. Einstein, Quanten-Mechanik und Wirklichkeit, *Dialectica*, **2**, 320–324 (1948).

Einsteins Manuskript zu diesem Artikel kann unter http://alberteinstein.info/vufind1/ Record/EAR000034166 abgerufen werden.

© Springer-Verlag Berlin Heidelberg 2015
C. Kiefer (Hrsg.), *Albert Einstein, Boris Podolsky, Nathan Rosen*,
Klassische Texte der Wissenschaft, DOI 10.1007/978-3-642-41999-7_3

QUANTEN-MECHANIK UND WIRKLICHKEIT

Im Folgenden will ich kurz und elementar darlegen, warum ich die Methode der Quanten-Mechanik nicht für im Prinzip befriedigend halte. Ich will aber gleich bemerken, dass ich keineswegs leugnen will, dass diese Theorie einen bedeutenden, in gewissem Sinne sogar endgültigen Fortschritt der physikalischen Erkenntnis darstellt. Ich stelle mir vor, dass diese Theorie in einer späteren etwa so enthalten sein wird, wie die Strahlen-Optik in der Undulations-Optik: Die Beziehungen werden bleiben, die Grundlage aber wird vertieft bezw. durch eine umfassendere ersetzt werden.

I.

Ich denke mir ein freies Teilchen zu einer Zeit durch eine räumlich beschränkte ψ-Funktion (im Sinne der Quanten-Mechanik vollständig) beschrieben. Gemäss einer solchen Darstellung hat das Teilchen weder einen scharf bestimmten Impuls noch einen scharf bestimmten Ort.

In welchem Sinne nun soll ich mir vorstellen, dass diese Beschreibung einen wirklichen individuellen Tatbestand darstellt? Zwei Auffassungen scheinen mir möglich und naheliegend, die wir gegeneinander abwägen wollen:

a) Das (freie) Teilchen hat in Wirklichkeit einen bestimmten Ort und einen bestimmten Impuls, wenn auch nicht beide zugleich in demselben individuellen Falle durch Messung festgestellt werden können. Die ψ-Funktion gibt nach dieser Auffassung eine *unvollständige* Beschreibung eines realen Sachverhaltes.

Diese Auffassung ist nicht die von den Physikern acceptierte. Ihre Annahme würde dazu führen, neben der unvollständigen eine vollständige Beschreibung des Sachverhaltes für die Physik anzustreben und für eine solche Beschreibung Gesetze zu suchen. Damit würde der theoretische Rahmen der Quanten-Mechanik gesprengt.

b) Das Teilchen hat in Wirklichkeit weder einen bestimmten Impuls noch einen bestimmten Ort; die Beschreibung durch die ψ-Funktion ist eine prinzipiell vollständige Beschreibung. Der scharfe Ort des Teilchens, den ich durch eine Orts-Messung erhalte ist nicht als Ort des Teilchens *vor* der Messung interpretierbar. Die scharfe Lokalisierung, die bei der Messung zutage tritt, wird nur durch den unvermeidlichen (nicht unwesentlichen)

Messungs-Eingriff hervorgebracht. Das Messungs-Ergebnis hängt nicht nur ab von der realen Teilchen-Situation sondern auch von der prinzipiell unvollständig bekannten Natur des Mess-Mechanismus. Analog verhält es sich, wenn der Impuls oder sonst eine das Teilchen betreffende Observable gemessen wird. Dies ist wohl die gegenwärtig von den Physikern bevorzugte Interpretation; und man muss zugeben, dass sie allein dem im Heisenberg'schen Prinzip ausgesprochenen empirischen Sachverhalt im Rahmen der Quanten-Mechanik in natürlicher Weise gerecht wird.

Nach dieser Auffassung beschreiben zwei (nicht nur trivial) verschiedene ψ-Funktionen stets zwei verschiedene reale Situationen (z. B. das ortsscharfe bezw. das impuls-scharfe Teilchen).

Das Gesagte gilt mutatis mutandis ebenso für die Beschreibung von Systemen, die aus mehreren Massenpunkten bestehen. Auch hier nehmen wir (im Sinne der Interpretation I b) an, dass die ψ-Funktion einen realen Sachverhalt vollständig beschreibe, und dass zwei (wesentlich) verschiedene ψ-Funktionen zwei verschiedene reale Tatbestände beschreiben, auch wenn sie bei Vornahme einer vollständigen Messung zu übereinstimmenden Mess-Resultaten führen können; die Uebereinstimmung der Messresultate wird dann zum Teil dem partiell unbekannten Einfluss der Messanordnung zugeschrieben.

II.

Fragt man, was unabhängig von der Quanten-Theorie für die physikalische Ideenwelt characteristisch ist, so fällt zunächst folgendes auf: die Begriffe der Physik beziehen sich auf eine reale Aussenwelt, d. h. es sind Ideen von Dingen gesetzt, die eine von den wahrnehmenden Subjekten unabhängige «reale Existenz» beanspruchen (Körper, Felder, etc.), welche Ideen andererseits zu Sinneseindrücken in möglichst sichere Beziehung gebracht sind. Characteristisch für diese physikalischen Dinge ist ferner, dass sie in ein raum-zeitliches Kontinuum eingeordnet gedacht sind. Wesentlich für diese Einordnung der in der Physik eingeführten Dinge erscheint ferner, dass zu einer bestimmten Zeit diese Dinge eine voneinander unabhängige Existenz beanspruchen, soweit diese Dinge « in verschiedenen Teilen des Raumes liegen ». Ohne die Annahme einer solchen Unabhängigkeit der Existenz (des « So-Seins ») der räumlich distanten Dinge voneinander, die zunächst dem Alltags-Denken entstammt, wäre physikalisches Denken in dem uns geläufigen Sinne nicht möglich. Man sieht ohne solche saubere Sonderung auch nicht, wie physikalische Gesetze formuliert und geprüft werden könnten. Die Feldtheorie hat dieses Prinzip zum Extrem durchgeführt, indem sie die ihr zugrunde gelegten voneinander unabhängig existierenden elementaren Dinge sowie die für sie postulierten Elementargesetze in den unendlich-kleinen Raum-Elementen (vierdimensional) lokalisiert.

Für die relative Unabhängigkeit räumlich distanter Dinge (A und B) ist die Idee characteristisch: äussere Beeinflussung von A hat keinen un-

mittelbaren Einfluss auf B; dies ist als «Prinzip der Nahewirkung» bekannt, das nur in der Feld-Theorie konsequent angewendet ist. Völlige Aufhebung dieses Grundsatzes würde die Idee von der Existenz (quasi-) abgeschlossener Systeme und damit die Aufstellung empirisch prüfbarer Gesetze in dem uns geläufigen Sinne unmöglich machen.

III.

Ich behaupte nun, dass die Quanten-Mechanik in ihrer Interpretation (gemäss I *b*) nicht vereinbar ist mit dem Grundsatz II.

Wir betrachten ein physikalisches System S_{12}, das aus zwei Teilsystem S_1 und S_2, zusammengesetzt ist. Diese beiden Teilsysteme mögen in einer früheren Zeit in physikalischer Wechselwirkung gewesen sein. Wir betrachten sie aber zu einer Zeit t, in welcher diese Wechselwirkung vorüber ist. Das Gesamtsystem sei im Sinne der Quanten-Mechanik vollständig beschrieben durch eine ψ- Funktion ψ_{12} der Koordinaten q_1.. bezw. q_2.. der beiden Teilsysteme (ψ_{12} wird sich nicht darstellen lassen als ein Produkt von der Form $\underset{1}{\psi}$ $(q_1..)$ $\underset{2}{\psi}$ $(q_2..)$ sondern nur als eine Summe solcher Produkte). Zur Zeit t seien die beiden Teilsysteme räumlich voneinander getrennt, derart dass ψ_{12} nur dann von 0 verschieden ist, wenn die q_1.. einem begrenzten Raumgebiet R_1 *und* die q_2.. einem von R_1 getrennten Raumgebiet R_2 angehören.

Die ψ-Funktionen der einzelnen Teilsysteme S_1 und S_2 sind dann zunächst unbekannt, bezw. sie existieren überhaupt nicht. Die Methoden der Quanten-Mechanik erlauben aber, ψ_2 von S_2 zu bestimmen aus ψ_{12} wenn zudem eine im Sinne der Quanten-Mechanik vollständige Messung am Teilsystem S_1 vorliegt. Man erhält so anstelle des ursprünglichen ψ_{12} von S_{12} die ψ-Funktion ψ_2 des Teilsystems S_2.

Bei dieser Bestimmung ist es aber wesentlich, was für eine Art von im quantentheoretischen Sinne vollständiger Messung am Teilsystem S_1 vorgenommen wird, d. h. was für Observable wir messen. Wenn z. B. S_1 ein einziges Teilchen ist, dann steht es uns frei, ob wir z. B. seinen Ort *oder* seine Impuls-Komponenten messen. Je nach dieser Wahl erhalten wir für ψ_2 eine anders-artige Darstellung, und zwar derart, dass je nach der Wahl der Messung an S_1 verschiedenartige (statistische) Voraussagen über an S_2 nachträglich vorzunehmende Messungen resultieren. Vom Standpunkte der Interpretation I*b* bedeutet dies, dass je nach der Wahl der vollständigen Messung an S_1 eine verschiedene reale Situation hinsichtlich S_2 erzeugt wird, die durch verschiedenartige ψ_2, $\underline{\psi}_2$, $\underset{=}{\psi}_2$ etc. beschrieben werden.

Vom Standpunkt der Quanten-Mechanik *allein* bedeutet dies keine Schwierigkeit. Je nach der besonderen Wahl der Messung an S_1 wird eben eine verschiedene reale Situation geschaffen, und es kann nicht die Notwendigkeit auftreten, dass dem selben System S_2 gleichzeitig zwei oder mehr verschiedene ψ-Funktionen ψ_2, $\underline{\psi}_2$... zugeordnet werden.

Anders verhält es sich jedoch, wenn man gleichzeitig mit den Prinzipien der Quanten-Mechanik auch an dem Prinzip II von der selbständigen Existenz des in zwei getrennten Raumteilen R_1 und R_2 vorhandenen realen Sachverhaltes festzuhalten sucht. In unserem Beispiel bedeutet nämlich die vollständige Messung an S_1 einen physikalischen Eingriff, der nur den Raumteil R_1 betrifft. Ein solcher Eingriff kann aber das physikalisch-Reale in einem davon entfernten Raumteil R_2 nicht unmittelbar beeinflussen. Daraus würde folgen, dass jede Aussage, bezüglich S_2, zu der wir auf Grund einer vollständigen Messung an S_1 gelangen können, auch dann für das System S_2 gelten muss, wenn überhaupt gar keine Messung an S_1 erfolgt. Das würde heissen, dass für S_2 gleichzeitig alle Aussagen gelten müssen, welche aus der Setzung von ψ_2 oder $\underline{\psi}_2$ etc. abgeleitet werden können. Dies ist natürlich unmöglich, wenn ψ_2, $\underline{\psi}_2$ etc. von einander verschiedene reale Sachverhalte von S_2 bedeuten sollen, d. h. man gerät in Konflikt mit der Interpretation Ib) der ψ-Funktion.

Es scheint mir keinem Zweifel zu unterliegen, dass die Physiker, welche die Beschreibungsweise der Quanten-Mechanik für prinzipiell definitiv halten, auf diese Ueberlegung wie folgt reagieren werden: Sie werden die Forderung II von der unabhängigen Existenz des in verschiedenen Raum-Teilen vorhandenen Physikalisch-Realen fallen lassen; sie können sich mit Recht darauf berufen, dass die Quanten-Theorie von dieser Forderung nirgends explicite Gebrauch mache.

Ich gebe dies zu, bemerke aber: Wenn ich die mir bekannten physikalischen Phänomene betrachte, auch speziell diejenigen, welche durch die Quanten-Mechanik so erfolgreich erfasst werden, so finde ich doch nirgends eine Tatsache, die es mir als wahrscheinlich erscheinen lässt, dass man die Forderung II aufzugeben habe. Deshalb bin ich geneigt zu glauben, dass im Sinne von Ia die Beschreibung der Quanten-Mechanik als eine unvollständige und indirekte Beschreibung der Realität anzusehen sei, die später wieder durch eine vollständige und direkte ersetzt werden wird.

Jedenfalls sollte man sich nach meiner Ansicht davor hüten, sich beim Suchen nach einer einheitlichen Basis für die gesamte Physik auf das Schema der gegenwärtigen Theorie dogmatisch festzulegen.

A. Einstein.

Zusammenfassung

Fasst man die ψ-Funktion in der Quantenmechanik als eine (im Prinzip) *vollständige* Beschreibung eines realen Sachverhaltes auf, so ist die Hypothese einer schwer annehmbaren Fernwirkung impliziert. Fasst man die ψ-Funktion aber als eine *unvollständige* Beschreibung eines realen Sachverhaltes auf, so ist es schwer zu glauben, dass für eine unvollständige Beschreibung strenge Gesetze für die zeitliche Abhängigkeit gelten.— A. E.

Summary

If, in quantum mechanics, we consider the ψ-function as (in principle) a complete description of a real physical situation we thereby imply the hypothesis of action-at-distance, an hypothesis which is hardly acceptable. If, on the other hand, we consider the ψ-function as an incomplete description of a real physical situation, then it is hardly to be believed that, for this incomplete description, strict laws of temporal dependence hold.

Résumé

L'interprétation de la fonction ψ de la mécanique quantique comme une description (en principe) *complète* d'un comportement réel, implique l'hypothèse peu satisfaisante d'une action à distance. Par contre, si l'on interprète la fonction ψ comme une description incomplète d'un comportement réel, on a peine à croire que cette description incomplète obéisse à des lois strictes, en ce qui concerne la dépendance temporelle.

Rezeptions- und Wirkungsgeschichte 4

Die kurze Arbeit von Einstein, Podolsky und Rosen aus dem Jahre 1935 hatte Auswirkungen auf die Debatte um die Bedeutung der Quantentheorie in einem Ausmaß, wie sie sich die Autoren wohl selbst nicht vorstellen konnten. Erstaunlich ist, daß der Einfluß dieser Arbeit auch heute noch anhält. Wir wollen deshalb in diesem Kapitel eine Übersicht über die Rezeptions- und Wirkungsgeschichte geben. Bohrs Antwort auf die EPR-Arbeit wird dabei besondere Aufmerksamkeit gewidmet, und zwar aus zwei Gründen. Zum einen zeigt sie beispielhaft die wesentlichen begrifflichen Schwierigkeiten auf, die mit der Debatte verknüpft sind. Zum anderen hat sie historisch die wohl wichtigste Rolle gespielt, da Bohr von vielen Physikern als *die* Autorität zur Quantentheorie schlechthin angesehen wurde, die es nicht zu hinterfragen gilt. Viele, wenn nicht die meisten, Physiker sind deshalb Bohr kritiklos gefolgt, ohne sich tatsächlich um eine eigene Lektüre der Originalarbeiten von EPR und Bohr bemüht zu haben. Daß Bohrs „Sieg" über Einstein ein Mythos ist, der sich sachlich nicht rechtfertigen läßt, hat insbesondere Mara Beller ausführlich dargestellt (Beller 1999, S. 151f.). Arthur Fine vertritt den Standpunkt, daß die oft als „EPR-Paradoxon" bezeichnete Argumentation von EPR in erster Linie ein Paradoxon für die Kopenhagener Deutung der Quantentheorie ist (Fine 1996, S. 4f.). Diese war ja von Heisenberg und vor allem von Bohr, der sich als ihr wesentlicher Schöpfer begreift, in den Jahren nach 1925 formuliert und von Einstein bereits 1928 in einem Brief an Schrödinger als „Heisenberg-Bohrsche Beruhigungsphilosophie" abgetan worden.[1] Werfen wir zunächst einen Blick auf Bohrs Arbeit.

---

[1] „Die Heisenberg-Bohrsche Beruhigungsphilosophie – oder Religion? – ist so fein ausgeheckt, daß sie dem Gläubigen einstweilen ein sanftes Ruhekissen liefert, von dem er nicht so leicht sich aufscheuchen läßt. Also lasse man ihn liegen." (von Meyenn 2011, S. 459)

© Springer-Verlag Berlin Heidelberg 2015
C. Kiefer (Hrsg.), *Albert Einstein, Boris Podolsky, Nathan Rosen*,
Klassische Texte der Wissenschaft, DOI 10.1007/978-3-642-41999-7_4

4.1 Abdruck von Bohrs Arbeit

N. Bohr, Can Quantum-Mechanical Description of Physical Reality Be Considered Complete?. *Physical Review*, **48**, 696–702 (1935).

Aus dem Englischen übersetzt von K. Baumann und R. U. Sexl.

Niels Bohr

Kann man die quantenmechanische Beschreibung der physikalischen Wirklichkeit als vollständig betrachten? (1935)

Es wird gezeigt, daß ein gewisses „Kriterium der physikalischen Realität" das in einem unter dem obigen Titel kürzlich erschienenen Artikel von *A. Einstein, B. Podolsky* und *N. Rosen* formuliert wurde, eine wesentliche Mehrdeutigkeit aufweist, wenn man es auf Quantenphänomene anwendet. In diesem Zusammenhang wird ein mit „Komplementarität" bezeichneter Gesichtspunkt erklärt, unter dem die quantenmechanische Beschreibung physikalischer Systeme innerhalb ihres Geltungsbereiches allen rationalen Erfordernissen der Vollständigkeit genügt.

In einem kürzlich unter dem obigen Titel erschienenen Artikel [1] legen *A. Einstein, B. Podolsky* und *N. Rosen* Argumente dar, die sie zu einer negativen Beantwortung der oben gestellten Frage führen. Die Richtung ihrer Argumentation scheint mir jedoch der tatsächlichen Situation, der wir in der Atomphysik gegenüberstehen, nicht gerecht zu werden. Ich freue mich daher, die Gelegenheit zu einer etwas genaueren Erklärung des allgemeinen Gesichtspunkts ergreifen zu können, der passend mit „Komplementarität" bezeichnet wurde, worauf ich bei verschiedenen früheren Gelegenheiten hingewiesen habe [2], und unter dem die Quantenmechanik innerhalb ihres Anwendungsbereichs als eine völlig rationale Beschreibung physikalischer Phänomene, wie wir ihnen in atomaren Prozessen begegnen, erscheint.

Der Grad, bis zu dem einem Ausdruck wie „physikalische Realität" eine eindeutige Bedeutung beigemessen werden kann, kann natürlich nicht aus a priori philosophischen Vorstellungen hergeleitet werden, sondern muß — wie die Autoren des zitierten Artikels selbst betonen — durch unmittelbare Berufung auf Experimente und Messungen begründet werden. Zu diesem Zweck schlagen sie folgendes „Realitätskriterium" vor: „Wenn wir, ohne auf irgendeine Weise ein System zu stören, den Wert einer physikalischen Größe mit Sicherheit vorhersagen können, dann gibt es ein Element der physikalischen Realität, das dieser physikalischen Größe entspricht." Mit Hilfe eines interessanten Beispiels, auf das wir weiter unten zurückkommen, gehen sie dann dazu über zu zeigen, daß es in der Quantenmechanik ebenso wie in der klassischen Mechanik unter geeigneten Bedingungen möglich ist, den Wert

87

irgendeiner gegebenen Variablen vorherzusagen, die zur Beschreibung eines mechanischen Systems gehört und aus Messungen gewonnen ist, die vollständig an anderen Systemen durchgeführt wurden, welche zuvor in Wechselwirkung mit dem zu untersuchenden System standen. Gemäß ihrem Kriterium wollen daher die Autoren jeder der durch solche Variablen dargestellten Größen ein Element der Realität zuordnen. Da es ferner ein wohlbekanntes Charakteristikum des gegenwärtigen Formalismus der Quantenmechanik ist, daß es bei der Beschreibung eines quantenmechanischen Systems niemals möglich ist, zwei kanonisch konjugierten Variablen zugleich definierte Werte zuzuschreiben, beurteilen sie diesen Formalismus folglich als unvollständig und äußern die Überzeugung, daß eine befriedigende Theorie entwickelt werden kann.

Solch eine Argumentation dürfte jedoch kaum geeignet sein, die Zuverlässigkeit einer quantenmechanischer Beschreibung in Frage zu stellen, die sich auf einen kohärenten mathematischen Formalismus stützt, der automatisch für jeden Meßvorgang wie den erwähnten aufkommt.[1] Der scheinbare Widerspruch deckt lediglich eine wesentliche Schwäche des üblichen Gesichtspunkts der Naturphilosophie auf hinsichtlich einer rationalen Beschreibung von physikalischen Phänomenen des Typs, mit dem wir uns in der Quantenmechanik befassen. In der Tat hat die *endliche Wechselwirkung zwischen Objekt und Meßvorrichtungen*, die durch die bloße Existenz des Wirkungsquantums bedingt ist, die Notwendigkeit einer letztlichen Aufgabe des klassischen Kausalitätsideals und eine grundlegende Revision unserer Haltung gegenüber dem Problem der physikalischen Realität zur Folge — und zwar wegen der Unmöglichkeit, die Rückwirkung des Objekts auf die Meßinstrumente zu kontrollieren, sofern diese ihrem Zwecke dienen sollen. Tatsächlich enthält, wie wir sehen werden, ein Realitätskriterium wie das von den Autoren vorgeschlagene — wie vorsichtig auch immer seine Formulierung erscheinen mag — eine wesentliche Mehrdeutigkeit, wenn es auf die wirklichen Probleme, mit denen wir uns hier befassen, angewandt wird. Um zu diesem Zweck das Argument so deutlich wie möglich zu machen, werde ich zuerst etwas ausführlicher einige einfache Beispiele von Meßvorrichtungen betrachten.

Wir wollen mit dem einfachen Fall eines Teilchens beginnen, welches den Schlitz eines Diaphragmas passiert, das Bestandteil einer mehr oder weniger komplizierten experimentellen Anordnung ist. Auch wenn der Impuls des Teilchens vollständig bekannt ist, bevor es auf das Diaphragma stößt, wird die durch den Schlitz verursachte Beugung der ebenen Welle, die den Teilchenzustand symbolisch darstellt, eine Impulsunschärfe des Teilchens nach seinem Durchtritt durch das Diaphragma bedingen, die um so größer ist, je enger der Schlitz ist. Nun kann die Breite des Schlitzes, solange sie nur groß ist im Vergleich zur Wellenlänge, als die Ortsunschärfe Δq des Teilchens in bezug auf das Diaphragma in der Richtung senkrecht zum Schlitz betrachtet werden.

Ferner sieht man leicht aus der de Broglie'schen Beziehung zwischen Impuls und Wellenlänge, daß in dieser Richtung die Impulsunschärfe des Teilchens Δp korreliert ist mit Δq über Heisenbergs allgemeines Prinzip

$$\Delta p \cdot \Delta q \sim h,$$

das im quantenmechanischen Formalismus eine unmittelbare Folge der Vertauschungsrelation für ein Paar konjugierter Variabler ist. Offensichtlich ist die Unschärfe Δp untrennbar verbunden mit der Möglichkeit eines Impulsaustausches zwischen dem Teilchen und dem Diaphragma; und die für unsere Diskussion besonders interessante Frage ist nun, in welchem Maße der auf diese Weise ausgetauschte Impuls bei der Beschreibung des Phänomens, das mit der betreffenden experimentellen Anordnung zu untersuchen ist und als dessen Anfangsstadium sich der Teilchendurchgang durch den Schlitz betrachten läßt, berücksichtigt werden kann.

Wir wollen zunächst wie bei den entsprechenden Experimenten über die bemerkenswerten Phänomene der Elektronenbeugung annehmen, daß das Diaphragma ebenso wie die anderen Teile der Anordnung — nehmen wir etwa ein zweites Diaphragma mit mehreren Schlitzen parallel zum ersten und eine photographische Platte an — starr verbunden ist mit einem Ständer, der das räumliche Bezugssystem festlegt. Dann wird der zwischen Teilchen und Diaphragma ausgetauschte Impuls zusammen mit der Rückwirkung des Teilchens auf die anderen Körper diesem gemeinsamen Ständer übertragen, und wir haben damit freiwillig auf jede Möglichkeit verzichtet, diese Rückwirkung zum Vorhersagen des Endresultats des Experiments gesondert zu berücksichtigen — wie etwa des Ortes des von dem Teilchen auf der photographischen Platte erzeugten Flecks. Die Unmöglichkeit einer genaueren Analyse der Wechselwirkungen zwischen dem Teilchen und dem Meßinstrument ist in der Tat keine Besonderheit des beschriebenen experimentellen Verfahrens, sondern vielmehr eine wesentliche Eigenschaft jeder Anordnung, die zum Studium der Phänomene des betreffenden Typs geeignet ist, wobei wir es mit einem Zug der *Individualität* zu tun haben, der der klassischen Physik völlig fremd ist. Tatsächlich würde uns jede Möglichkeit, den zwischen dem Teilchen und den einzelnen Teilen der Apparatur ausgetauschten Impuls zu berücksichtigen, sofort erlauben, Schlüsse hinsichtlich des „Ablaufs" solcher Phänomene zu ziehen — etwa durch welchen Schlitz des zweiten Diaphragmas das Teilchen auf seinem Weg zur Photoplatte hindurchfliegt —, was völlig unverträglich mit der Tatsache wäre, daß die Wahrscheinlichkeit des Teilchens, ein bestimmtes Flächenelement dieser Platte zu erreichen, nicht durch die Existenz irgendeines einzelnen Schlitzes bestimmt ist, sondern durch die Positionen aller Schlitze des zweiten Diaphragmas, die sich in der Reichweite der zugeordneten und an dem Schlitz des ersten Diaphragmas gebeugten Welle befinden.

Mit Hilfe einer anderen Anordnung, bei der das erste Diaphragma nicht starr mit den anderen Teilen der Apparatur verbunden ist, wäre es zumindest im Prinzip[2] möglich, den Teilchenimpuls mit jeder gewünschten Genauigkeit vor und nach seinem Durchgang zu messen und so den Impuls des Teilchens vorherzusagen, nachdem es durch den Schlitz hindurchgetreten ist. Tatsächlich erfordern solche Impulsmessungen nur eine eindeutige Anwendung des klassischen Gesetzes der Impulserhaltung, angewandt z.B. auf einen Stoßprozeß zwischen dem Diaphragma und einem Testkörper, dessen Impuls vor und nach dem Stoß geeignet kontrolliert wird. Freilich wird solch eine Kontrolle wesentlich von einer Prüfung des raum-zeitlichen Verlaufs eines Prozesses abhängen, auf den die Vorstellungen der klassischen Mechanik angewandt werden können; wenn jedoch alle räumlichen Ausmaße und Zeitintervalle hinreichend groß gewählt werden, enthält dies selbstverständlich keine Einschränkung hinsichtlich der genauen Impulskontrolle der Testkörper, sondern nur einen Verzicht hinsichtlich der Genauigkeit der Kontrolle ihrer Raum-Zeit-Koordination. Dieser letztere Umstand ist in der Tat völlig analog zu dem Verzicht auf die Kontrolle des Impulses des befestigten Diaphragmas, das in der experimentellen Anordnung oben erläutert wurde, und hängt letztlich von der Forderung einer rein klassischen Beschreibung der Meßapparatur ab, welche die Notwendigkeit in sich birgt, einen Spielraum entsprechend den quantenmechanischen Unbestimmtheitsrelationen in unserer Beschreibung einzuräumen.

Der Hauptunterschied zwischen den beiden betrachteten experimentellen Anordnungen besteht jedoch darin, daß in der Anordnung, die zur Kontrolle des Impulses des ersten Diaphragmas geeignet ist, dieser Körper aus dem gleichen Grund wie in dem vorigen Fall nicht mehr als Meßinstrument verwendet werden kann, sondern hinsichtlich seiner relativen Lage zu der übrigen Apparatur ebenso wie das Teilchen, das den Schlitz passiert, als ein Untersuchungsobjekt behandelt werden muß und zwar in dem Sinne, daß die quantenmechanischen Unbestimmtheitsrelationen bezüglich seiner Lage und seines Impulses explizit in Rechnung gestellt werden müssen. Auch wenn wir die Lage des Diaphragmas relativ zu dem räumlichen Bezugssystem vor der ersten Messung seines Impulses kennen würden und obwohl sein Ort nach der letzten Messung genau bestimmt werden kann, würden wir wegen der unkontrollierbaren Verschiebung des Diaphragmas während jedes Stoßvorgangs mit den Testkörpern die Kenntnis des Ortes des Teilchens verlieren, wenn es durch den Schlitz hindurchtritt. Die ganze Anordnung ist daher offensichtlich nicht dazu geeignet, die gleiche Art von Phänomenen wie im vorigen Fall zu untersuchen. Insbesondere kann gezeigt werden, daß — wenn der Impuls des Diaphragmas mit hinreichender Genauigkeit gemessen wird, um genaue Schlüsse hinsichtlich des Teilchendurchgangs durch einen bestimmten Schlitz des zweiten Diaphragmas zuzulassen — dann sogar die minimale, mit solcher Kenntnis verträgliche Ortsunschärfe des ersten Diaphragmas das völlige Auswischen jedes Interferenzeffektes — bezüglich der Zonen erlaubter Aufschläge des Teilchens auf der Photoplatte — zur Folge hat, wie es das Vorhandensein mehr als eines Schlitzes im zweiten Diaphragma im Falle fester relativer Positionen aller Apparaturenteile bewirken würde.

Bei einer zu Messungen des Impulses des ersten Diaphragmas geeigneten Anordnung ist ferner klar, daß wir, auch wenn wir diesen Impuls vor dem Durchgang des Teilchens durch den Schlitz gemessen haben, nach diesem Durchtritt *freie Wahl* haben, ob wir den Teilchenimpuls oder seine Anfangslage relativ zu der übrigen Apparatur kennen wollen. Im ersten Fall müssen wir nur eine zweite Bestimmung des Diaphragmaimpulses vornehmen, die seinen genauen Ort ein für allemal unbestimmbar läßt, wenn das Teilchen durchgegangen ist. Im zweiten Fall müssen wir nur seinen Ort relativ zu dem räumlichen Bezugssystem bestimmen bei unvermeidbarem Verlust der Kenntnis des Impulses, der zwischen Diaphragma und Teilchen ausgetauscht wurde. Wenn das Diaphragma im Vergleich zu dem Teilchen hinreichend massiv ist, können wir den Meßvorgang sogar so gestalten, daß das Diaphragma nach der ersten Bestimmung seines Impulses in irgendeiner unbekannten Lage relativ zu den anderen Apparateteilen in Ruhe bleibt und die nachfolgende Festlegung dieses Ortes kann daher einfach darin bestehen, eine feste Verbindung zwischen dem Diaphragma und dem gemeinsamen Ständer herzustellen.

Mein Hauptanliegen bei der Wiederholung dieser einfachen und in ihrem Wesen wohlbekannten Betrachtungen ist zu betonen, daß wir es bei den betreffenden Phänomenen nicht mit einer unvollständigen Beschreibung zu tun haben, die durch das willkürliche Herausgreifen verschiedener Elemente physikalischer Realität auf Kosten anderer solcher Elemente charakterisiert ist, sondern mit einer rationalen Unterscheidung zwischen wesentlich verschiedenen experimentellen Anordnungen und Verfahren, die entweder zu einer eindeutigen Anwendung der Vorstellung der Ortsbestimmung oder zu einer Anwendung des Impulserhaltungssatzes geeignet sind. Jeder verbleibende Anschein von Willkür widerspiegelt nur unsere Freiheit, mit den Meßinstrumenten umzugehen, wie sie ja überhaupt für den Begriff Experiment selber charakteristisch ist. In der Tat ist bei jeder experimentellen Anordnung der Verzicht auf den einen oder den anderen der beiden Aspekte der Beschreibung physikalischer Phänomene — deren Kombination die Methode der klassischen Physik kennzeichnet und die daher in diesem Sinne als *komplementär* zueinander betrachtet werden können — im wesentlichen durch die Unmöglichkeit begründet, auf dem Gebiet der Quantentheorie die Rückwirkung des Objektes auf die Meßinstrumente, d.h. die Impulsübertragung im Falle von Ortsbestimmungen und die örtliche Verschiebung im Falle von Impulsbestimmungen, zu kontrollieren. Gerade in dieser letzten Hinsicht ist jeder Vergleich zwischen Quantenmechanik und gewöhnlicher statistischer Mechanik — wie nützlich er für die formale Darlegung der Theorie auch immer sein mag — dem Wesen nach belanglos. Tatsächlich haben wir es bei jeder experimentellen Anordnung, die zum Studium reiner Quantenphänomene geeignet ist, nicht nur mit einer Unkenntnis des Wertes gewisser physikalischer Größen zu tun, sondern mit der Unmöglichkeit, diese Größen auf eindeutige Weise zu definieren.

Die soeben gemachten Bemerkungen gelten in gleichem Maße für das spezielle, von *Einstein, Podolsky* und *Rosen* behandelte Problem, auf das oben verwiesen wurde und das in der Tat keine größeren Schwierigkeiten aufweist als die oben diskutierten Beispiele. Der besondere quantenmechanische Zustand von zwei freien Teilchen, für den die Autoren einen expliziten mathematischen Ausdruck angeben, kann, zumindest im Prinzip, durch eine einfache experimentelle Anordnung wiedergegeben werden, bestehend aus einem starren Diaphragma mit zwei parallelen und im Vergleich zu ihrem Abstand sehr engen Schlitzen, die jeweils ein Teilchen – und zwar unabhängig vom anderen – passiert. Wenn der Impuls des Diaphragmas sowohl vor als auch nach den Teilchendurchtritten genau gemessen wurde, kennen wir in der Tat die Summe der senkrecht zu den Schlitzen stehenden Impulskomponenten der beiden durchgegangenen Teilchen ebenso wie die Differenz ihrer anfänglichen Ortskoordinaten in der gleichen Richtung; indessen sind natürlich die konjugierten Größen, d.h. die Differenz ihrer Impulskomponenten und die Summe ihrer Ortskoordinaten, vollständig unbekannt.[3] Bei dieser Anordnung ist es daher klar, daß eine nachfolgende getrennte Messung entweder des Ortes oder des Impulses eines der beiden Teilchen automatisch den Ort bzw. den Impuls des anderen Teilchens mit jeder gewünschten Genauigkeit bestimmt – zumindest jedenfalls, wenn die der freien Bewegung jedes Teilchens entsprechende Wellenlänge genügend klein ist im Vergleich zur Breite der Schlitze. Wie von den genannten Autoren ausgeführt wurde, haben wir deshalb in diesem Stadium vollständig freie Wahl, ob wir die eine oder andere der letzteren Größen durch einen Prozeß bestimmen wollen, der nicht direkt auf das betroffene Teilchen einwirkt.

Ebenso wie bei dem obigen einfachen Fall der Wahl zwischen experimentellen Verfahren, die zur Vorhersage des Ortes oder des Impulses eines einzigen Teilchens nach seinem Durchgang durch einen Diaphragmaschlitz geeignet sind, stehen wir gerade in der „Freiheit der Wahl", die uns die letzte Anordnung beläßt, *einer Unterscheidung zwischen verschiedenen experimentellen Verfahren gegenüber, die den unzweideutigen Gebrauch von komplementären klassischen Begriffen erlaubt.* Tatsächlich kann das Messen des Ortes eines der Teilchen nichts anderes bedeuten, als eine Korrelation zwischen seinem Verhalten und einem starr mit dem Ständer, der das räumliche Bezugssystem definiert, verbundenen Instrument zu errichten. Unter den beschriebenen experimentellen Bedingungen wird uns deshalb solch eine Messung auch die Kenntnis des andernfalls völlig unbekannten Ortes des Diaphragmas bezüglich dieses räumlichen Bezugssystems verschaffen, als die Teilchen die Schlitze passiert haben. In der Tat erhalten wir nur auf diese Weise eine Grundlage für Schlüsse über die anfängliche Lage des anderen Teilchens relativ zu der übrigen Apparatur. Indem wir jedoch eine im wesentlichen unkontrollierbare Impulsübertragung von dem ersten Teilchen auf den erwähnten Ständer zulassen, haben wir uns jeglicher zukünftiger Möglichkeit beraubt, das Impulserhaltungsgesetz auf das aus dem Diaphragma und den beiden Teilchen bestehende System anzuwenden, und daher unsere einzige Basis verloren für eine unzweideutige Anwendung des Impulsbegriffes bei den Vorhersagen hinsichtlich des Verhaltens des zweiten Teilchens. Wenn wir umgekehrt die Wahl treffen, den Impuls eines der Teilchen zu messen, verlieren wir durch die in einer solchen Messung unvermeidbare Verschiebung jegliche Möglichkeit, aus dem Verhalten dieses Teilchens die Lage des Diaphragmas relativ zur übrigen Apparatur herzuleiten, und haben daher keinerlei Grundlage für Vorhersagen hinsichtlich des Ortes des anderen Teilchens.

Von unserem Gesichtspunkt aus erkennen wir nun, daß die Formulierung des oben erwähnten, von *Einstein, Podolsky* und *Rosen* vorgeschlagenen Kriteriums der physikalischen Realität eine Mehrdeutigkeit in bezug auf den Sinn des Ausdrucks „ohne ein System irgendwie zu stören" enthält. Natürlich ist in einem Fall wie dem soeben betrachteten nicht die Rede von einer mechanischen Störung des zu untersuchenden Systems während der letzten kritischen Phase des Meßverfahrens. Aber selbst in dieser Phase handelt es sich wesentlich um *einen Einfluß auf die tatsächlichen Bedingungen, welche die möglichen Arten von Voraussage über das zukünftige Verhalten des Systems definieren.* Da diese Bedingungen ein immanentes Element der Beschreibung jeglichen Phänomens ausmachen, dem man mit Recht den Begriff „physikalische Wirklichkeit" zuschreiben kann, sehen wir, daß die Argumentation der genannten Verfasser nicht ihre Schlußfolgerung rechtfertigt, die quantenmechanische Beschreibung sei wesentlich unvollständig. Im Gegenteil kann diese Beschreibung, wie die obige Diskussion zeigt, als eine rationale Ausnutzung aller Möglichkeiten eindeutiger Interpretation von Messungen charakterisiert werden, wie sie auf dem Gebiet der Quantentheorie mit der endlichen und unkontrollierbaren Wechselwirkung zwischen den Objekten und den Meßgeräten vereinbar ist. Tatsächlich ist es nur der gegenseitige Ausschluß von je zwei die eindeutige Definition komplementärer physikalischer Größen gestattenden Versuchsanordnungen, der neuen physikalischen Gesetzen Raum schafft, deren Koexistenz auf den ersten Blick mit den Grundprinzipien der Naturwissenschaften unvermeidbar zu sein scheint. Es ist gerade diese völlig neue Situation bezüglich der Beschreibung physikalischer Phänomene, deren Kennzeichnung mit dem Begriff *Komplementarität* angestrebt wird.

Die bislang erörterten experimentellen Anordnungen sind durch besondere Einfachheit gekennzeichnet um der untergeordneten Rolle willen, die der Zeitbegriff bei der Beschreibung der in Rede stehenden Phänomene spielt. Gewiß haben wir freien Gebrauch gemacht von solchen Worten wie „vor" und „nach" bezüglich zeitlicher Beziehungen; auf jeden Fall aber muß eine gewisse Ungenauigkeit eingeräumt werden, die jedoch so lange bedeutungslos ist, wie die betreffenden Zeitintervalle hinreichend groß sind im Vergleich zu den eigentlichen Zeiträumen, die in die engere Analyse des untersuchten Phänomens eingehen. Sobald wir eine genauere Beschreibung von Quantenphänomenen versuchen, stoßen wir auf wohlbekannte neue Paradoxa, zu deren Aufklärung weitere Züge der Wechselwirkung zwischen den Objekten und den Meßinstrumenten berücksichtigt werden müssen. In der Tat haben wir es bei solchen Phänomenen nicht mehr mit experimentellen Anordnungen zu tun, die aus Apparaturen bestehen, die sich relativ zueinander im wesentlichen in Ruhe befinden, sondern mit Anordnungen, die bewegte Teile enthalten – wie Verschlüsse vor den Schlitzen der Diaphragmen – und von Mechanismen kontrolliert werden, die als Uhren dienen. Außer dem oben diskutierten Impulsübertrag zwischen dem Objekt und den Körpern, die das räumliche Bezugssystem definieren, werden wir daher in solchen Anordnungen einen eventuell auftretenden Energieaustausch zwischen dem Objekt und diesen uhrenähnlichen Mechanismen betrachten.

Der entscheidende Punkt hinsichtlich der Zeitmessung in der Quantentheorie steht nunmehr in völliger Analogie zu dem oben ausgeführten, die Ortsmessung betreffenden Argument. Genau wie sich der Impulsübertrag auf die verschiedenen Teile der Apparatur – deren relative Lager zur Beschreibung des Phänomens bekannt sein muß – als völlig unkontrollierbar herausgestellt hat, entzieht sich auch der Energieaustausch zwischen dem Objekt und den verschiedenen Körpern, deren relative Bewegung für die beabsichtigte Verwendung der Apparatur bekannt sein muß, jeder eingehenden Analyse. In der Tat ist es *prinzipiell ausgeschlossen, die auf die Uhren übertragene Energie zu kontrollieren, ohne ihre Verwendung als Zeitanzeiger wesentlich zu beeinträchtigen.* Diese Verwendung beruht tatsächlich vollständig auf der Voraussetzung der Möglichkeit, daß das Funktionieren jeder Uhr ebenso wie ihr etwaiger Vergleich mit anderen Uhren auf der Grundlage der Methoden der klassischen Physik zu verstehen ist. In dieser Beschreibung müssen wir offensichtlich eine Breite in der Energiebilanz berücksichtigen, die der quantenmechanischen Unbestimmtheitsrelation zwischen den konjugierten Zeit- und Energievariablen entspricht. Genau wie in der oben erörterten Frage des gegenseitigen Ausschlusses eines eindeutigen Gebrauchs der Begriffe von Ort und Impuls in der Quantentheorie ist es letztlich dieser Umstand, der die komplementäre Beziehung zur Folge hat zwischen irgendeiner genauen Zeitangabe über atomare Phänomene einerseits und den nicht-klassischen Zügen der inneren Stabilität von Atomen andererseits, wie sie beim Studium der Energieübertragung in atomaren Reaktionen zu Tage treten.

Von dieser Notwendigkeit, in jeder experimentellen Anordnung zwischen denjenigen Teilen des physikalischen Systems zu unterscheiden, die als Meßinstrumente betrachtet werden sollen und denjenigen, die die zu untersuchenden Objekte ausmachen, läßt sich in der Tat sagen, daß sie einen *prinzipiellen Unterschied zwischen klassischer und quantenmechanischer Beschreibung physikalischer Phänomene* darstellt. Freilich ist die Stelle innerhalb jedes

94

Meßvorgangs, an der diese Unterscheidung getroffen wird, in beiden Fällen großenteils eine Frage der Zweckmäßigkeit. Während jedoch in der klassischen Physik die Unterscheidung zwischen Objekt und Meßvorrichtungen keinerlei Unterschied im Charakter der Beschreibung der betreffenden Phänomene zur Folge hat, wurzelt ihre grundlegende Bedeutung in der Quantentheorie, wie wir gesehen haben, im unumgänglichen Gebrauch klassischer Begriffe zur Interpretation aller eigentlichen Messungen, obwohl die klassischen Theorien nicht hinreichen, die neuen Typen von Gesetzmäßigkeiten zu erklären, mit denen wir uns in der Atomphysik befassen. Entsprechend diesem Sachverhalt ist die einzige in Frage kommende eindeutige Interpretation der quantenmechanischen Symbole in den wohlbekannten Regeln enthalten, welche die Vorhersage von Ergebnissen ermöglichen, wie sie mit Hilfe einer gegebenen und auf völlig klassische Weise beschreibbaren experimentellen Anordnung erhalten werden, und die ihren allgemeinen Ausdruck in den schon erwähnten Transformationstheoremen finden. Indem man ihre geeignete Korrespondenz zur klassischen Theorie sicherstellt, schließen diese Theoreme insbesondere jede denkbare Inkonsistenz in der quantenmechanischen Beschreibung aus, die verknüpft ist mit einem Wechsel der Stelle, an der die Trennung zwischen Objekt und Meßvorrichtung vorgenommen wird. Tatsächlich ist es eine offensichtliche Konsequenz der obigen Argumentation, daß wir bei allen experimentellen Anordnungen und Meßverfahren freie Wahl dieser Stelle nur innerhalb eines Gebietes haben, in dem die quantenmechanische Beschreibung des betreffenden Vorgangs wirklich äquivalent ist zur klassischen Beschreibung.

Bevor ich schließe, möchte ich noch die Bedeutung der großen Belehrung hervorheben, die aus der allgemeinen Relativitätstheorie hinsichtlich der Frage der physikalischen Realität auf dem Gebiet der Quantentheorie abzuleiten ist. Tatsächlich weisen ungeachtet aller charakteristischer Unterschiede die Situationen, mit denen wir uns in diesen Verallgemeinerungen der klassischen Theorie befassen, auffallende Analogien auf, die oft bemerkt worden sind. Insbesondere erscheint die einzigartige Rolle der Meßinstrumente in der Beschreibung der soeben diskutierten Quantenphänomene in enger Analogie zu der wohlbekannten Notwendigkeit, in der Relativitätstheorie eine gewöhnliche Beschreibung aller Meßprozesse aufrechtzuerhalten, die eine strenge Unterscheidung zwischen Raum- und Zeitkoordinaten einschließt, obwohl gerade das Wesentliche dieser Theorie in der Aufstellung neuer physikalischer Gesetze besteht, zu deren Verständnis wir die übliche Trennung von Raum- und Zeitvorstellungen aufgeben müssen[4]. Die in der Relativitätstheorie bestehende Abhängigkeit der Maßstab- und Uhrenablesung vom Bezugssystem kann sogar verglichen werden mit dem wesentlich unkontrollierbaren Impuls- oder Energieaustausch zwischen den Objekten der Messung und allen das raum-zeitliche Bezugssystem definierenden Instrumenten, was uns in der Quantentheorie mit der durch den Begriff der Komplementarität charakteri-

95

sierten Situation konfrontiert. In der Tat bedeutet dieser neue Zug der Naturphilosophie eine radikale Revision unserer Einstellung zur physikalischen
Realität, die sich mit der grundlegenden Änderung aller Vorstellungen hinsichtlich des absoluten Charakters physikalischer Phänomene vergleichen läßt,
wie sie die allgemeine Relativitätstheorie mit sich brachte.

Anmerkungen

1   Die in dem zitierten Artikel enthaltenen Herleitungen können in diesem Zusammenhang als eine unmittelbare Folge des Transformationstheorems der Quantenmechanik
betrachtet werden, das vielleicht mehr als irgendein anderes Charakteristikum des
Formalismus dazu beiträgt, seine mathematische Vollständigkeit und seine vernünftige Korrespondenz mit der klassischen Mechanik zu sichern. In der Tat ist es bei der
Beschreibung eines mechanischen Systems, das aus zwei Teilsystemen (1) und (2) besteht, mögen sie nun wechselwirken oder nicht, immer möglich, beliebige zwei den
Systemen (1) und (2) zugehörige Paare kononischer Variabler $(q_1 \; p_1),(q_2 \; p_2)$, die
den üblichen Vertauschungsregeln

$$[q_1 \; p_1] = [q_2, p_2] = \frac{ih}{2\pi},$$

$$[q_1 \; q_2] = [p_1, p_2] = [q_1, p_2] = [q_2, p_1] = 0$$

genügen, durch zwei Paare neuer kanonischer Variabler (Q_1, P_1), (Q_2, P_2) zu ersetzen,
welche aus den ersteren Variablen durch eine einfache orthogonale Transformation
hervorgehen, die einer Drehung um den Winkel θ in den Ebenen (q_1, q_2), (p_1, p_2)
entspricht

$$q_1 = Q_1 \cos\theta - Q_2 \sin\theta \qquad p_1 = P_1 \cos\theta - P_2 \sin\theta$$
$$q_2 = Q_1 \sin\theta + Q_2 \cos\theta \qquad p_2 = P_1 \sin\theta + P_2 \cos\theta.$$

Daraus, daß diese Variablen analogen Vertauschungsregeln genügen, insbesondere

$$[Q_1 \; P_1] = \frac{ih}{2\pi} \quad [Q_1 \; P_2] = 0,$$

folgt, daß man bei der Beschreibung des Zustands des kombinierten Systems Q_1
und P_1 nicht zugleich bestimmte numerische Werte zuordnen kann, sondern daß wir
solche Werte klar nur Q_1 und P_2 zuordnen können. In diesem Fall ergibt sich ferner,
wenn man diese Variablen durch $(q_1 \; p_1)$ und (q_2, p_2) ausdrückt, nämlich

$$Q_1 = q_1 \cos\theta + q_2 \sin\theta, \qquad P_2 = -p_1 \sin\theta + p_2 \cos\theta,$$

daß eine nachfolgende Messung von entweder q_2 oder p_2 uns gestatten würde, die
Werte von q_1 bzw. p_1 vorherzusagen.
2   Die offensichtliche Unmöglichkeit, mit der zu unserer Verfügung stehenden experi-
mentellen Technik solche Meßverfahren, wie sie hier und im folgenden diskutiert
werden, wirklich durchzuführen, beeinflußt selbstverständlich nicht die theoretische
Argumentation, da die fraglichen Vorgänge wesentlich äquivalent sind zu atomaren
Prozessen wie etwa dem Compton-Effekt, wobei eine entsprechende Anwendung des
Impulserhaltungstheorems gesichert ist.

96

3   Wie gezeigt wird, entspricht diese Beschreibung bis auf einen trivialen Normierungs-
    faktor genau der in der vorangegangenen Fußnote beschriebenen Transformation von
    Variablen, wenn (q_1, p_1), (q_2, p_2) die Ortskoordinaten und Impulskomponenten
    der beiden Teilchen darstellen, und wenn $\theta = -\pi/4$. Es sei auch bemerkt, daß die
    durch Formel (9) des zitierten Artikels gegebene Wellenfunktion der speziellen Wahl
    von $P_2 = 0$ und dem Grenzfall zweier infinitesmal enger Schlitze entspricht.

4   Gerade dieser Umstand im Verein mit der relativistischen Invarianz der Unschärfe-
    relation der Quantenmechanik stellt die Vereinbarkeit von der im vorliegenden Artikel
    skizzierten Argumentation und allen Erfordernissen der Relativitätstheorie sicher.
    Diese Frage wird eingehender in einer zur Veröffentlichung vorbereiteten Abhand-
    lung behandelt werden, in der der Verfasser insbesondere ein sehr interessantes, von
    Einstein aufgeworfenes Paradoxon diskutieren wird, das die Anwendung der Gravi-
    tationstheorie auf Energiemessungen betrifft und dessen Lösung eine besonders lehr-
    reiche Illustration der Allgemeingültigkeit des Komplentaritätsarguments bietet.
    Bei derselben Gelegenheit wird eine gründlichere Erörterung der Raum-Zeit-Messungen
    in der Quantentheorie mit allen nötigen mathematischen Entwicklungen und Dia-
    grammen experimenteller Anordnung gegeben, die in diesem Artikel, in dem das
    Hauptgewicht auf den dialektischen Aspekt der Titelfrage gelegt wurde, ausgelassen
    werden mußten.

Literaturangaben

[1]   *A. Einstein, B. Podolsky* and *N. Rosen*, Phys. Rev **47**, 777 (1935).
[2]   *Cf. N. Bohr*, Atomic Theory and Description of Nature (Cambridge 1934).

4.2 Bohrs Antwort

Bohr wurde durch die EPR-Arbeit sehr aufgeschreckt. Das können wir unmittelbar einem kurzen Bericht seines Schülers Léon Rosenfeld entnehmen, der darüber zu sagen weiß (Rosenfeld 1967):

> This onslaught came down upon us as a bolt from the blue. Its effect on Bohr was remarkable. ... as soon as Bohr had heard my report of Einstein's argument, everything else was abandoned: we had to clear up such a misunderstanding at once. We should reply by taking up the same example and showing the right way to speak about.

Bohr und sein ergebener Schüler Rosenfeld waren anscheinend nicht an einer offenen Diskussion interessiert, sondern nur daran, die ihrer Meinung nach vorhandenen Mißverständnisse in der EPR-Arbeit auszuräumen.

Bohr publizierte zunächst eine kurze einseitige Erwiderung in *Nature* (Bohr 1935a). Noch am Tag des Erscheinens dieses Artikels schrieb Schrödinger an Einstein (von Meyenn 2011, S. 552): „Wutgeschnaubt habe ich über N. Bohrs Naturebrief vom 13. Juli. Er macht einen *nur* neugierig, verrät nicht mit einem Wort, was er meint, und verweist auf einen Artikel, der im Physical Review kommen wird." Dieser von Bohr angekündigte Artikel ist tatsächlich am gleichen Tag bei der Zeitschrift *Physical Review* angekommen und wurde am 15. Oktober 1935 publiziert. Mit sechs Seiten in der Originalversion ist auch Bohrs Artikel nicht lang, immerhin aber zwei Seiten länger als die von ihm kritisierte EPR-Arbeit.

Bohrs Arbeit ist kein Musterbeispiel an Klarheit.[2] Mara Beller merkt dazu den folgenden amüsanten Punkt an (Beller 1998). Die meisten Kommentatoren beziehen sich auf den Abdruck des Bohrschen Artikels in dem von Wheeler und Zurek herausgegebenen Sammelband von Originalarbeiten zu den Grundlagen der Quantentheorie (Wheeler und Zurek 1983). Dabei wurden bei diesem Abdruck die Seiten 700 und 699 von Bohrs Artikel[3] vertauscht, was anscheinend niemand bemerkt hat. Tatsächlich ergibt sich bei der Lektüre der verfälschten Version kein wesentlich anderer Eindruck als bei der Lektüre der korrekten Version. Die Unverständlichkeit seines Aufsatzes war dem Autor wohl selbst bewußt. So schreibt Bohr später dazu (Bohr 1949, S. 113): „Beim Durchlesen dieser Sätze kommt mir die Unbeholfenheit der Ausdrucksweise zum Bewußtsein, die es schwierig gemacht haben muß, dem Gedankengang der Argumentation zu folgen." Lassen sich dennoch die Kernaussagen aus Bohrs Artikel herauskristallisieren?

Schon in der einleitenden Zusammenfassung werden zwei für Bohr zentrale Punkte genannt: das von EPR vorgestellte „Kriterium der physikalischen Realität" und die von Bohr entwickelte Idee der Komplementarität, unter deren Schirmherrschaft sich automatisch die

---

[2] Vgl. hierzu auch Schrödingers Bemerkung in einem Brief an Born: „Der eminente Physiker Niels Bohr wird als „Philosopher-Scientist" von Seiten seiner Physikerkollegen eminent überschätzt." (von Meyenn 2011, Band 2, S. 665)

[3] Die Seitenangabe bezieht sich auf die Originalversion (Bohr 1935b).

Vollständigkeit der quantenmechanischen Beschreibung ergeben solle. Bohr attackiert in seinem Aufsatz vor allem das EPR-Realitätskriterium, obwohl dieses, wie oben diskutiert, in der EPR-Arbeit keine große Rolle spielt. Natürlich fühlte sich Bohr insbesondere durch den Passus „ohne auf irgendeine Weise ein System zu stören" herausgefordert. Schließlich war es für die frühe Version der Kopenhagener Interpretation unverzichtbar, von einer unvermeidbaren Störung des gemessenen Systems durch den Meßapparat auszugehen. Diese unvermeidbare Störung hatte sich aus Heisenbergs Gedankenexperimenten zu den Unbestimmtheitsrelationen ergeben.

Tatsächlich behandelt Bohr im ersten Teil seiner Arbeit aber das Beispiel des Doppelspaltes, ähnlich den Diskussionen auf der Solvay-Tagung von 1927. Dies hat mit der EPR-Arbeit freilich wenig zu tun. Das Gedankenexperiment von EPR wird von Bohr zwar akzeptiert, doch teilt er nicht dessen Interpretation, die er durch seine eigene ersetzt. Dies geschieht im zweiten Teil der Arbeit. Hier kommt ganz wesentlich der Begriff der Komplementarität ins Spiel. War in dem Como-Vortrag von 1927 noch von der Komplementarität zwischen raumzeitlicher und kausaler Beschreibung die Rede, so wird hier die Komplementarität auf den Meßapparat angewandt. Da sich die Messungen von Ort und Impuls einander ausschließen, also „komplementär" zueinander sind, können weder Ort und Impuls des gemessenen Teilchens noch der damit berechnete Ort und Impuls des weit entfernten Teilchens gleichzeitig real sein. Bohr schreibt (S. 92 des hier abgedruckten Aufsatzes, Hervorhebung von Bohr):

> Natürlich ist in einem Fall wie dem soeben betrachteten nicht die Rede von einer mechanischen Störung des zu untersuchenden Systems [gemeint ist das zweite weit entfernte Teilchen, C.K.] während der letzten kritischen Phase des Meßverfahrens. Aber selbst in dieser Phase handelt es sich wesentlich um einen *Einfluß auf die tatsächlichen Bedingungen, welche die möglichen Arten von Voraussagen über das zukünftige Verhalten des Systems definieren.* Da diese Bedingungen ein immanentes Element der Beschreibung jeglichen Phänomens ausmachen, dem man mit Recht den Begriff „physikalische Wirklichkeit" zuschreiben kann, sehen wir, daß die Argumentation der genannten Verfasser nicht ihre Schlußfolgerung rechtfertigt, die quantenmechanische Beschreibung sei wesentlich unvollständig. . . . Es ist gerade diese völlig neue Situation bezüglich der Beschreibung physikalischer Phänomene, deren Kennzeichnung mit dem Begriff *Komplementarität* angestrebt wird.

Nun behaupten EPR natürlich nicht direkt, daß Ort und Impuls des zweiten Teilchens gleichzeitig real sind, auch wenn dies implizit aus deren Argumentation folgt. EPR sind sich mit Bohr darin einig, daß Ort und Impuls des ersten Teilchens nicht gleichzeitig gemessen und deshalb Ort und Impuls des zweiten Teilchens auch nicht gleichzeitig berechnet werden können. EPR schließen nur, daß derselben Realität unterschiedliche Wellenfunktionen zugeordnet werden können, die Beschreibung durch solche Wellenfunktionen also nicht eindeutig und die Quantenmechanik nicht vollständig ist. Wellenfunktionen werden aber von Bohr gar nicht erwähnt! In seiner Replik auf EPR geht Bohr also an der eigentlichen Aussage von EPR vorbei. Stattdessen belegt er die zu diskutierende Situation mit einer Vokabel – dem Begriff der Komplementarität.

Mara Beller hat in ihrem Buch Bohrs Aufsatz scharfsinnig analysiert und aufgezeigt, daß dort zwei sich widersprechende Stimmen zum Vorschein kommen (Beller 1999, Kap. 7). Die eine Stimme gibt den Standpunkt wieder, den Bohr vor der EPR-Arbeit eingenommen hatte. Danach entspricht einer Messung immer eine direkte physikalische Störung des zu messenden Systems durch den Meßapparat. Dieser Standpunkt ließ sich nach Erscheinen der EPR-Arbeit nicht mehr aufrechterhalten, da das entscheidende zweite Teilchen ja nach Voraussetzung gerade nicht gestört werden kann – zumindest nicht mechanisch gestört, wie Bohr in der oben zitierten Textstelle präzisiert. Die zweite Stimme vertritt eine positivistische Grundhaltung. Gleichzeitig real ist nur, was gleichzeitig gemessen werden kann; es gibt keine objektive, beobachterunabhängige Realität. Es ist diese zweite Einstellung, die Bohr von nun an bis zu seinem Lebensende vertreten sollte. Beller spricht hier treffend von dem Übergang der physikalischen Störung eines Systems in eine semantische Störung. Die semantische Störung ist der oben zitierte „Einfluß auf die tatsächlichen Bedingungen, welche die möglichen Arten von Voraussagen über das zukünftige Verhalten des Systems definieren".

Für Bohr kam es in den Diskussionen mit Einstein 1927 und 1930 darauf an, die Unbestimmtheitsrelationen auch auf die Meßgeräte anzuwenden. Der Apparat war also ebenfalls ein quantenmechanisches System. Diese Haltung vertritt Bohr nach 1935 nicht mehr. Er betont von nun an den grundsätzlichen Unterschied zwischen der Natur atomarer Objekte und der Natur von Meßgeräten. Letztere müssen immer klassisch beschrieben werden. Es ist nach Beller diese Doktrin von der Notwendigkeit klassischer Begriffe im makroskopischen Bereich, die Bohrs Philosophie der Komplementarität unterliegt. Nach ihr ist Komplementarität nichts anderes als eine Metapher. Sie schreibt (Beller 1999, S. 243f.):

> Complementarity is not a rigorous guide to the heart of the quantum mystery. Nor do Bohr's numerous analogies between quantum physics and other domains, such as psychology or biology, withstand close scrutiny. Complementarity does not reveal preexisting similarities; it generates them. Complementarity builds new worlds by making new sets of associations. These worlds are spiritual and poetic, not physical. Complementarity did not result in any new physical discovery – „it is merely a way to talk about the discoveries that have already been made" (interview with Dirac, Archive for the History of Quantum Physics).

Beller betont zu Recht, daß die behauptete Unvermeidbarkeit klassischer Begriffe sowohl historisch als auch philosophisch ungenau ist. Die Ansicht ignoriere nämlich, so Beller, die riesige Lücke zwischen der anschaulichen aristotelischen Intuition und dem abstrakten Rahmen der Newtonschen (und Einsteinschen) Physik. Nach Fine ist in der Bohr-Einstein-Debatte Bohr der konservativere, da er die alten (klassischen) Begriffe unbedingt beibehalten will, während Einstein die Begriffe einer kritischen Untersuchung unterwirft; Bohr sieht die Welt durch die Brille der alten Begriffe (Fine 1996, S. 19f.). Wie Whitaker betont, verbieten die Grundannahmen des Komplementaritätsgedankens jedes Argument von der Art, wie es EPR gebrauchen, da alternative Messungen nicht berücksichtigt werden dürfen (Whitaker 2004, S. 1335f.).

Der Begriff der Komplementarität in seiner positivistischen Ausgestaltung, wie ihn Bohr nach 1935 gebraucht, bildet zusammen mit der Notwendigkeit klassischer Begriffe für Meßgeräte das Kernstück von dem, was man heute als Kopenhagener Interpretation bezeichnet.[4] Deshalb ist, wie bereits oben zitiert, die EPR-Argumentation zunächst einmal ein Problem für die Anhänger der Kopenhagener Interpretation. Aber auch andere Autoren haben ihre Probleme mit EPR, wie wir gleich sehen werden.

4.3 Schrödinger und die Verschränkung

Erwin Schrödinger, der Vater der Wellenmechanik, hatte naturgemäß ein besonderes Interesse an den von EPR aufgeworfenen begrifflichen Fragen. So sind in Reaktion auf diese Arbeit in den Jahren 1935 und 1936 einige Arbeiten erschienen, in denen er seine Sichtweise der Quantenmechanik im Detail präsentiert (Schrödinger 1935a,b, 1936); in einer Fußnote auf S. 845 von Schrödinger (1935b) gibt er dies offen zu: „Das Erscheinen dieser Arbeit [EPR] gab den Anstoß zu dem vorliegenden – soll ich sagen Referat oder Generalbeichte?"

In seiner Generalbeichte führt Schrödinger einen Begriff ein, der heute als *das* zentrale Element der Quantentheorie gilt – die *Verschränkung* (englisch: *Entanglement*). Moderne Gebiete wie das der Quanteninformation sind ohne eine ausführliche Diskussion der Eigenschaften verschränkter Systeme unvorstellbar. De facto wurden verschränkte Zustände freilich schon vor 1935 diskutiert, etwa in den oben erwähnten Arbeiten von Hylleraas (1929, 1931).

Eine Verschränkung zwischen quantenmechanischen Systemen (zum Beispiel den beiden Teilchen in der EPR-Diskussion) entsteht in der Regel, wenn diese Systeme wechselwirken. Die Wellenfunktion für das Gesamtsystem läßt sich dann nicht schreiben als das Produkt von zwei Wellenfunktionen, die sich auf die jeweiligen Teilsysteme beziehen; dies ändert sich auch nicht, wenn sich die beiden Systeme so weit getrennt haben, daß kein Informationsaustausch mehr möglich ist. Schrödinger (1935b, S. 826) schreibt hierzu (im Original kursiv):

> *Maximale Kenntnis von einem Gesamtsystem schließt nicht notwendig maximale Kenntnis aller seiner Teile ein, auch dann nicht, wenn dieselben völlig voneinander abgetrennt sind und einander zur Zeit gar nicht beeinflussen.*

Maximale Kenntnis über ein quantenmechanisches System erfordert laut Schrödinger die Kenntnis der Wellenfunktion, der ψ-Funktion, die im Falle der Verschränkung nur für das Gesamtsystem bekannt ist, aber nicht für das Teilsystem. Verschränkung ensteht auf

---

[4] „Bohr's reply to EPR has come down to us as the so-called *Copenhagen interpretation* of quantum mechanics." (Scully und Zubairy 1997, S. 539); „The Copenhagen interpretation, and its rhetoric of inevitability, rests on two central pillars – positivism and the doctrine of the necessity of classical concepts."(Beller 1999, S. 205).

natürliche Weise, wenn zwei Systeme miteinander wechselwirken (Schrödinger 1935b, S. 827):

> Wenn zwei getrennte Körper, die einzeln maximal bekannt sind, in eine Situation kommen, in der sie aufeinander einwirken, und sich wieder trennen, dann kommt regelmäßig das zustande, was ich eben *Verschränkung* unseres Wissens um die beiden Körper nannte.

Abweichend von der modernen Sichtweise spricht Schrödinger hier von einer Verschränkung des Wissens. Das liegt daran, daß er die Wellenfunktion als „Erwartungskatalog" interpretiert und nicht als den dynamisch relevanten Zustand, der in einem konkreten realistischen Sinne verstanden werden kann. Die Verschränkung zwischen den Teilsystemen versteht er in erster Linie als Wahrscheinlichkeitskorrelationen, wie es ja bereits in den Titeln der Arbeiten Schrödinger (1935a,1936) zum Ausdruck kommt.

Bereits kurz nach Erscheinen der EPR-Arbeit setzt ein intensiver Briefwechsel mit Einstein ein, von dem oben schon die Rede war (Abschn. 2.5). In diesen Briefen werden einige der Themen aus Schrödingers Arbeiten von 1935 vorweggenommen. Insbesondere findet sich darin bereits das berühmt-berüchtigte Beispiel der Schrödinger-Katze, das im Druck in Schrödinger (1935b, S. 812) zu finden ist. In einem Brief vom 19. August 1935 an Einstein schreibt Schrödinger (von Meyenn 2011, S. 566):

> Ich bin längst über das Stadium hinaus, wo ich mir dachte, daß man die ψ-Funktion irgendwie direkt als Beschreibung der Wirklichkeit ansehen kann. ... In einer Stahlkammer ist ein Geigerzähler eingeschlossen, der mit einer winzigen Menge Uran beschickt ist, so wenig, daß in der nächsten Stunde ebenso wahrscheinlich *ein* Atomzerfall zu erwarten ist wie keiner. Ein verstärkendes Relais sorgt dafür, daß der erste Atomzerfall ein Kölbchen mit Blausäure zertrümmert. Dieses und – grausamer Weise – eine Katze befinden sich auch in der Stahlkammer. Nach einer Stunde sind dann in der ψ-Funktion des Gesamtsystems, sit venia verbo,[5] die lebende und die tote Katze zu gleichen Teilen verschmiert.

Bei der Schrödinger-Katze handelt es sich um eine makroskopische Superposition von Quantenzuständen, die nichtklassische Eigenschaften aufweist. Das Beispiel mit der Kopplung an ein radioaktives System soll illustrieren, daß solche Zustände auf natürliche Weise zustande kommen, wenn man den quantenphysikalischen Formalismus auf makroskopische Bereiche erweitert. Für Schrödinger belegt dieses Gedankenexperiment die Interpretation von ψ als reiner Erwartungskatalog. Erst das viel später erfolgte Verständnis des klassischen Grenzfalls durch Dekohärenz (Abschn. 5.4) zeigt, warum der Zustand der Schrödinger-Katze der Realität entsprechen kann. Einstein merkt zu dem Katzenbeispiel in einem Brief an Schrödinger vom 4. September 1935 an (von Meyenn 2011, S. 569):

> Übrigens zeigt Dein Katzenbeispiel, daß wir bezüglich der Beurteilung des Charakters der gegenwärtigen Theorie völlig übereinstimmen. Eine ψ-Funktion, in welche sowohl die lebende wie die tote Katze eingeht, kann eben nicht als Beschreibung eines wirklichen Zustandes aufgefaßt werden. Dagegen weist gerade dies Beispiel darauf hin, daß es vernünftig ist, die

---

[5] Das heißt (nach Plinius, *Epistulae* **5**, 6, 46), „Man verzeihe den Ausdruck!"

ψ-Funktion einer statistischen Gesamtheit zuzuordnen, welche sowohl Systeme mit lebendiger Katze wie solche mit toter Katze in sich begreift.

Diesen Punkt betont Einstein auch in späteren Briefen.

In der Quantenoptik spricht man heute von „Schrödinger-Katzen-Zuständen", wenn man kohärente Zustände von Ionen oder Atomen überlagert. Zu den Pionieren auf diesem Gebiet gehören Serge Haroche (Ecole Normale Supérieure, Paris) und David Wineland (National Institute of Standards and Technology, Boulder), die hiervon in ihren Nobelpreisvorträgen berichten (Haroche 2014, Wineland 2014).[6] Die Präparation solcher Zustände ist eine wichtige Voraussetzung zu Experimenten, die sich dem Übergang zu klassischem Verhalten widmen, siehe Abschn. 5.4 unten.

Die Diskussion zwischen Einstein und Schrödinger über diese grundlegenden Fragen setzt sich bis zum Lebensende Einsteins fort, ohne daß freilich eine Einigung erreicht worden wäre.[7] Für Einstein war es undenkbar, daß die ψ-Funktion direkt die physikalische Realität beschreibt, über eine rein statistische Beschreibung hinaus. In seinen letzten Briefen an Schrödinger und an Born betont er in diesem Zusammenhang, anders als nach der EPR-Arbeit, die Rolle des Superpositionsprinzips und die sich daraus ergebende „Vernebelung" makroskopischer Zustände, siehe auch Einstein (1953a). So schreibt er am 22. März 1953 an Schrödinger (von Meyenn 2011, Band 2, S. 679):

Die *Analogie* zwischen der Unschärfe der allgemeinen ψ-Funktion und der durch sie geschaffenen Schwierigkeit, die ψ-Funktion als Beschreibung der physikalischen Realität aufzufassen einerseits und der thermodynamischen Beschreibung andererseits, verstehe ich gar nicht.[8]

Der Witz der Quantentheorie liegt doch darin, daß die ψ-Funktion einer *linearen* Gleichung unterliegt. Dies hat man doch eigens so eingerichtet, damit die Summe zweier ψ-Lösungen wieder eine ψ-Funktion (Lösung) ist. Alle durch solche Summenbildung einheitlichen Lösungen sind an sich gleichberechtigt und stellen also im Sinne Deiner Interpretation theoretisch gleichberechtigte mögliche reale Sonderfälle dar. Deshalb erscheint es mir, daß in einer solchen Theorie die Quasi-Schärfe der Lagen und Impulse des Systems als Ganzes nicht existieren kann. Denn durch Superposition von quasi-scharfen Zuständen entstehen makroskopisch beliebig unscharfe Systeme (ψ-Funktionen), an deren physikalische Existenz im Sinne Deiner Interpretation doch kein Mensch glauben kann. Ich bin davon überzeugt, daß nur die statistische Interpretation diese Schwierigkeit überwinden kann.

---

[6] Es gibt auch Experimente, die sich einem als „Quanten-Cheshire-Katze" bezeichneten Zustand widmen (Denkmayr et al. 2014). Es handelt sich dabei um Interferenzexperimente mit Neutronen, wobei das System sich so verhält, als ob das Neutron einen Pfad, dessen magnetisches Moment einen anderen Pfad durchläuft. Allerdings ist die Interpretation noch umstritten (Corrêa et al. 2014).
[7] Siehe hierzu insbesondere den Briefwechsel in von Meyenn (2011).
[8] Schrödinger hatte in einem früheren Brief diese Analogie gezogen, indem er das Nichtauftreten der „vernebelten" Lösungen für die Wellenfunktion verglich mit der Beobachtung, daß die meisten Systeme nicht im thermodynamischen Gleichgewicht sind, obwohl man dies aus entropischen Gründen erwarten würde (vgl. von Meyenn 2011, Band 2, S. 677).

Ähnlich äußert sich Einstein zur selben Zeit in einigen Briefen an Max Born (Einstein et al. 1986), der aber wie Schrödinger den Kern der Sache nicht erfaßt. Die Anwendung des Superpositionsprinzips, wonach die Summe zweier physikalisch erlaubten ψ-Funktionen wieder eine erlaubte ψ-Funktion darstellt, führt nämlich unweigerlich auf makrokopisch „vernebelte" Zustände wie Schrödingers Katze, die nicht beobachtet werden. Ein Ausweg aus diesem Paradoxon bietet Einsteins Vorschlag, die Wellenfunktion nur in einem statistischen Sinne zu interpretieren. Wir werden aber unten sehen, daß dieser Ausweg nicht erzwungen ist, denn die Anwendung der Quantentheorie auf *realistische Systeme* gestattet es, das Nichtauftreten von makroskopischen Superpositionen im Rahmen einer realistischen Interpretation der Wellenfunktion aufzufassen.

Das Problem mit den makroskopischen Superpositionen hat auch Wigner umgetrieben. In seinem vielzitierten Aufsatz „Remarks on the Mind-Body Question" spekuliert er darüber, daß nur das menschliche Bewußtsein für den Kollaps der Wellenfunktion und für das Nichtbeobachten „vernebelter" Zustände verantwortlich ist. Er schreibt dort (Wigner 1967, S. 176): „It follows that the quantum description of objects is influenced by impressions entering my consciousness." Später hat er diese Vorstellung aufgegeben, unter dem Eindruck der Arbeit von Zeh (1970), in der gezeigt wurde, daß sich makroskopische Objekte wegen der unvermeidlichen Wechselwirkung mit ihrer Umgebung klassisch verhalten, siehe Wigner (1995), S. 240. Dieses Phänomen der Dekohärenz wird eine zentrale Rolle für die Interpretation der Quantentheorie spielen, siehe Abschn. 5.4 unten.

4.4   Pauli und Heisenberg

Wolfgang Pauli äußert sich zur EPR-Arbeit in seiner gewohnt scharfen Weise. So schreibt er bereits am 15. Juni 1935 an Heisenberg (Pauli 1985, S. 402):

> *Einstein* hat sich wieder einmal zur Quantenmechanik öffentlich geäußert und zwar im Heft des Physical Review vom 15. Mai (gemeinsam mit Podolsky und Rosen – keine gute Kompanie übrigens). Bekanntlich ist das jedes Mal eine Katastrophe, wenn es geschieht. „Weil, so schließt er messerscharf – nicht sein kann, was nicht sein darf" (Morgenstern).
>
> Immerhin möchte ich ihm zugestehen, daß ich, wenn mir ein Student in jüngeren Semestern solche Einwände machen würde, diesen für ganz intelligent und hoffnungsvoll halten würde. – Da durch die Publikation eine gewisse Gefahr einer Verwirrung der öffentlichen Meinung – namentlich in Amerika – besteht, so wäre es vielleicht angezeigt, eine Erwiderung darauf ans Physical Review zu schicken, wozu ich *Dir* gerne zureden möchte.

Für Pauli dreht sich die Interpretation der Quantenmechanik nur noch um pädagogische Fragen. Er geht in seinem Brief ganz wesentlich gegen die EPR-Annahme der Separabilität an. Diese könne man ja nur annehmen, wenn ein ganz besonderer Zustand vorliegt, ein Zustand, der in bezug auf die Teilsysteme ein Produktzustand ist. Es wundert ihn deshalb nicht, daß man auf Widersprüche stößt, wenn man diese Tatsache nicht berücksichtigt und etwa von „verborgenen Eigenschaften" (so wörtlich) am nicht gemessenen System ausgeht. In der oben zitierten Stelle fordert er Heisenberg auf, eine Entgegnung auf die EPR-Arbeit zu schreiben, welche diese Punkte klarstellen soll.

Heisenberg ist bereit, eine solche Entgegnung zu verfassen. In seinem Antwortbrief an Pauli vom 2. Juli 1935 erwähnt er, daß Bohr eine Erwiderung auf EPR plane, diese sich aber wohl sehr von seinen eigenen Ansichten unterscheide (Pauli 1985, S. 407f.). In den Sommerferien 1935 verfaßt Heisenberg ein Manuskript, das er an einige Kollegen (darunter Bohr) verschickt. Allerdings hat er es nie zur Veröffentlichung eingereicht, vielleicht weil bereits zu viele Entgegnungen auf die EPR-Arbeit erschienen waren. Das Manuskript trägt den Titel „Ist eine deterministische Ergänzung der Quantenmechanik möglich?" und ist in Pauli (1985), S. 409–418 abgedruckt.[9]

Bereits aus dem Titel des Manuskriptes wird ersichtlich, daß Heisenberg hier direkt auf die für EPR so zentrale Unvollständigkeit der Quantentheorie eingeht. Er zeigt dann im einzelnen, daß eine derartige deterministische Ergänzung unmöglich ist, das heißt, in Widerspruch zu den experimentellen Erfolgen der Quantenmechanik steht. Heisenberg betont, daß die Wellenfunktion im hochdimensionalen Konfigurationsraum definiert ist, Beobachtungen aber in Raum und Zeit stattfinden. Er stellt sich daher die Frage (Pauli 1985, S. 411): „An welcher Stelle soll der Schnitt zwischen der Beschreibung durch Wellenfunktionen und der klassisch-anschaulichen Beschreibung gezogen werden?" Seine Antwort lautet: „die quantenmechanischen Voraussagen über den Ausgang irgendeines Experimentes sind unabhängig von der Lage des oben besprochenen Schnitts. Die Lage des „Heisenbergschen Schnittes" (wie man ihn später nannte) ist also zu einem gewissen Grad beliebig; der Schnitt darf nur nicht zu weit in Richtung des gemessenen Systems verschoben werden, um nicht in Konflikt zu kommen mit den beobachteten Quanteneigenschaften des Systems, beispielsweise Interferenzexperimenten.

Heisenberg schließt dann wie folgt. Angenommen, es gebe verborgene Variablen, welche die zeitliche Entwicklung über den Schnitt hinweg beschreiben. Am Schnitt selbst, und nur dort, sollten sie den Übergang von der Beschreibung durch Wellenfunktionen zur Beschreibung durch die statistische Interpretation beinhalten. Da der Schnitt aber beliebig ist, so Heisenberg, könne dies nicht der Fall sein. Bacciagaluppi und Crull (2009) erwähnen, daß sich Heisenberg schon wesentlich früher gegen verborgene Variablen ausgesprochen habe, da deren Existenz in Widerspruch zur quantenmechanischen Interferenz stehe.

Was die Unvollständigkeit angeht, so erwähnt Heisenberg in seinem Brief an Pauli auch eine Arbeit der Philosophin Grete Hermann (1901 bis 1984), die sich diesem Thema widmete und insbesondere einen Zirkelschluß in von Neumanns Beweis der Unmöglichkeit verborgener Parameter aufdeckte (Hermann 1935b).[10] Davon wird unten noch die Rede sein.

---

[9] Eine ausführliche Diskussion dieses Manuskriptes findet sich in Bacciagaluppi und Crull (2009).
[10] Ein Auszug aus dieser Arbeit ist Hermann (1935a); zu Grete Hermann siehe etwa Soler (2009).

4.5   Weitere frühe Reaktionen

Die vielleicht früheste im Druck erschienene Entgegnung auf EPR stammt von dem amerikanischen Physiker Edwin C. Kemble (1889 bis 1984), siehe Kemble (1935). Schrödinger
merkt dazu an (von Meyenn 2011, S. 551f.): „Am wenigsten verstehe ich E. C. Kemble
in Physical Review 15. Juni – den Fall, der uns Kopfzerbrechen macht, erwähnt er nämlich gar nicht erst. Es ist so, wie wenn einer sagt: in Chicago ist es bitter kalt, und ein
anderer antwortet: das ist ein Trugschluß, es ist sehr heiß in Florida." Tatsächlich geht
Kembles Kritik am Kern der EPR-Arbeit vorbei. Er behauptet lediglich, daß eine rein statistische Interpretation der Wellenfunktion genüge, um Paradoxien zu vermeiden. Diesen
Schluß zog Einstein freilich selbst, wollte sich aber mit einer rein statistischen Interpretation (d. h. ohne ein erklärendes Ensemble von fundamentalen physikalischen Objekten)
nicht abgeben und schloß deshalb auf die Unvollständigkeit der Theorie.

Der amerikanische Physiker Arthur E. Ruark (1899 bis 1979) hingegen benutzt in
seiner Entgegnung ein anderes Realitätskriterium (Ruark 1935). Nach ihm kommt einer
physikalischen Eigenschaft eines physikalischen Systems nur dann Realität zu, wenn sie
tatsächlich gemessen wird. Insofern steht er Bohrs Position nahe, dessen Arbeit zu diesem
Zeitpunkt aber noch nicht erschienen war. Etwas ausweichend zieht er den Schluß, daß
bei dem seinerzeitigen Stand des Wissens noch keine Entscheidung möglich sei, da man
noch nicht wisse, welches Realitätskriterium das sinnvollere sei.

Wendell H. Furry (1907 bis 1984), ebenfalls amerikanischer Physiker, stellt sich in seiner Entgegnung auf Bohrs Seite, benutzt aber in seiner Argumentation Wellenfunktionen
(Furry 1936a). Er formuliert eine „Annahme A", der zufolge sich ein System während
der Wechselwirkung mit einem anderen System auf akausale Weise in einen Zustand mit
einer definitiven Wellenfunktion entwickelt. Nach der Wechselwirkung liege dann für das
Gesamtsystem ein Produktzustand von zwei Wellenfunktionen (eine für das erste, eine für
das andere System) vor. Diese Separation erfolge ohne Messung, hat also nichts mit dem
angeblichen Kollaps der Wellenfunktion bei einer Messung zu tun, demgemäß sich bei
einer Messung mit einer bestimmten Wahrscheinlichkeit ein eigener Zustand einstellen
sollte. Furry zeigt dann explizit, daß seine Annahme A in Widerspruch zur Schrödinger-
Gleichung steht. In einer kurzen Ergänzung (Furry 1936b) geht er auf die inzwischen
erschienenen Arbeiten Schrödingers ein (Schrödinger 1935a,b). Er betont, daß die mathematische Vorgehensweise Schrödingers der seinen sehr ähnele, dessen Interpretation
aber die entgegengesetzte sei. Schrödinger lehnt die Annahme A ab und schließt sich dem
Realitätskriterium von EPR an. Furry betont hingegen (Furry 1936b):

> Thus there can be no doubt that quantum mechanics requires us to regard the realistic attitude
> as in principle inadequate.

Damit meint er das von EPR benutzte Kriterium der lokalen Realität. Denn:

No matter how far apart the particles are when we try to collect one of them, the relative probabilities of finding it in different places are strongly affected by the „interference term" in the cross section; it is not really „free".

Schrödinger hingegen schließt auf die Unvollständigkeit der Quantentheorie, wenn auch anders als EPR; er sieht den Mangel der Theorie eher darin, daß sie nur Aussagen für „scharf bestimmte Zeitpunkte" (Schrödinger 1935b, S. 848) mache. Furry hat jedenfalls den entscheidenden Punkt erkannt: die von der Quantentheorie beschriebene Realität ist nichtlokal. Bohm und Aharonov (1957) verweisen auf ein tatsächlich durchgeführtes Experiment, das in Widerspruch zu Furrys Annahme A steht (siehe auch Whitaker 2012, S. 155f.). Annahme A bietet also keine Lösung zu dem von EPR aufgeworfenen Problem; die Verschränkung zwischen zwei Teilsystemen nach der Wechselwirkung ist real.

Weitere Entwicklungen

Einstein, Podolsky und Rosen gelangen in ihrer Arbeit zu dem Schluß, daß die Quantenmechanik unvollständig sein müsse. Das wirft natürlich die Frage auf, ob sich diese Theorie vervollständigen lasse. Insbesondere stellt sich die Frage nach der Existenz von „verborgenen Variablen", die es gestatten würden, etwa den Ort und den Impuls eines Teilchens gleichzeitig festzulegen.

Die Frage nach der Existenz von verborgenen Variablen hatte tatsächlich schon John von Neumann in seinem berühmten Lehrbuch gestellt (von Neumann 1932, S. 109), drei Jahre vor der EPR-Arbeit, ohne daß dies von EPR erwähnt worden wäre. In Kapitel IV seines Buches präsentiert von Neumann dann einen formalen mathematischen Beweis für die Unmöglichkeit der Existenz solcher Variablen. Es ist nicht bekannt, ob EPR diesen Beweis kannten und ob sie bei dessen Kenntnis ihre Arbeit nicht geschrieben hätten.[1]

Später sollten einige Physiker eine entscheidende Lücke in von Neumanns Beweis aufspüren, wobei der wirkungsmächtigste Beitrag von John Bell stammt (siehe Abschn. 5.2 unten). Allerdings hat die im Zusammenhang mit Heisenbergs Reaktion auf EPR erwähnte Grete Hermann bereits 1935 auf diese Lücke hingewiesen. Sie legt den Finger auf die Wunde: von Neumanns Annahme der Linearität der Erwartungswerte. Diese Linearität ist in der Quantenmechanik erfüllt; sie muß aber nicht notwendigerweise in Theorien mit verborgenen Variablen gelten und wird dies im allgemeinen auch nicht tun. Hermann wundert sich deshalb nicht, daß von Neumann die Unmöglichkeit solcher Variablen zeigen kann und spricht gar von einem Zirkel in von Neumanns Beweis (siehe Hermann 1935b, S. 99–102). Sie schreibt gegen Ende des entsprechenden Kapitels:

> Aber mit dieser Überlegung kann die entscheidende *physikalische* Frage, ob die fortschreitende physikalische Forschung zu genaueren Vorausberechnungen gelangen kann, als sie heute möglich ist, nicht in die keineswegs gleichwertige *mathematische* Frage umgebogen werden,

---

[1] Im Jahre 1938 schien Einstein den von Neumannschen Beweis jedenfalls gekannt zu haben, vgl. Maudlin (2014), S. 20.

© Springer-Verlag Berlin Heidelberg 2015
C. Kiefer (Hrsg.), *Albert Einstein, Boris Podolsky, Nathan Rosen,*
Klassische Texte der Wissenschaft, DOI 10.1007/978-3-642-41999-7_5

ob eine solche Entwicklung allein mit den Mitteln des quantenmechanischen Operatorenkalküls darstellbar wäre.

Grete Hermann war Philosophin und sah sich als solche in der Tradition Immanuel Kants. Sie konnte nicht akzeptieren, daß es nach der Quantentheorie unmöglich sein sollte, die Ursache etwa für einen einzelnen radioaktiven Zerfall anzugeben, jenseits der rein statistischen Deutung. Aus diesem Grund interessierte sie sich für von Neumanns Beweis und fand mit Genugtuung die Lücke in dessen Beweis. Hermann hat in Leipzig mit Heisenberg und Carl Friedrich von Weizsäcker viel über diese Fragen diskutiert, wovon Heisenberg in seiner Autobiographie *Der Teil und das Ganze* beredt Zeugnis gibt (Heisenberg 1985, S. 163–173).

Die im folgenden diskutierte Bohmsche Theorie ist eine Theorie mit verborgenen Variablen, welche von Neumanns Beweis umgeht.

5.1   Die Bohmsche Theorie

In seinem Lehrbuch der Quantenmechanik hatte Bohm eine vereinfachte Version des EPR-Experiments vorgestellt, die mit zwei Spin-1/2-Teilchen operiert (Bohm 1951). Wir haben diese Version oben diskutiert (Abschn. 2.3). Er lehnte es aber ab, den Schluß von EPR auf die Unvollständigkeit der Quantentheorie zu akzeptieren, da seiner Meinung nach die Annahme der lokalen Realität in Widerspruch zu dieser Theorie stehe.[2]

Dennoch war Bohm mit der damals üblichen (Kopenhagener) Sichtweise auf die Quantentheorie unzufrieden. So hat er später in einem Interview erklärt (vgl. Pauli 1996, S. 341):

> I wrote my book Quantum Theory in an attempt to understand quantum theory from Bohr's point of view. After I'd written it I wasn't satisfied that I really understood it, and I began to look again.

Die weitere Beschäftigung mit diesen Fragen führte Bohm dazu, eine eigene Interpretation vorzustellen (Bohm 1952a, 1952b).[3] Es handelt sich genau genommen um eine neue Theorie, die zwar die Wellenfunktion unangetastet läßt, zu dieser aber neue „verborgene" Variablen hinzufügt. Diese agieren auf nichtlokale Weise und sind daher in Einklang mit der von Bohm angenommenen nichtlokalen Realität.

In der Einleitung zu der ersten Arbeit betont Bohm (Bohm 1952a, S. 166):

> Most physicists have felt that objections such as those raised by Einstein are not relevant, first, because the present form of the quantum theory with its usual probability interpretation

---

[2] Zu Bohms wissenschaftlichem Werdegang siehe zum Beispiel die Zusammenfassung in Pauli (1996), S. 340–343.

[3] Vielleicht kam der entscheidende Anstoß hierzu von Einstein, mit dem er über diese Fragen diskutiert hat, vgl. dazu Maudlin (2014), S. 21.

is in excellent agreement with an extremely wide range of experiments, at least in the domain of distances larger than 10^{-13} cm, and secondly, because no consistent alternative interpretations have as yet been suggested. The purpose of this paper ... is, however, to suggest just such an alternative interpretation.

Die erwähnte Längenskala von 10^{-13} cm ist die der Kernphysik. Damals war der Glaube weit verbreitet, daß man auf kleineren Skalen Verletzungen der Quantenmechanik beobachten könne. Bohm selbst vermutete, daß seine Theorie nur auf Skalen größer als 10^{-13} cm zur Quantenmechanik äquivalent sei und auf kleineren Skalen davon abweiche.

Wenn man sich auf quantisierte Teilchen beschränkt, Felder also außen vor läßt, handelt es sich bei den zusätzlichen Variablen um die *Orte* der Teilchen, zum Beispiel der Elektronen.[4] Die Dynamik dieser Orte wird von der Wellenfunktion Ψ bestimmt, die weiterhin autonom ist und der Schrödinger-Gleichung gehorcht. Anders als in der Newtonschen Mechanik sind die Geschwindigkeiten dieser Orte nicht frei wählbar, sondern werden durch Ψ bestimmt. Die quantenmechanischen Wahrscheinlichkeiten, die sich wie üblich aus Ψ berechnen, sind dann Wahrscheinlichkeiten im Sinne einer klassischen Statistik, drücken also nur unsere Unkenntnis über eben diese Teilchenorte aus.

Bohm stellt seine neue Interpretation in zwei Arbeiten vor (Bohm 1952a, 1952b), von denen die zweite eine detaillierte Untersuchung des Meßprozesses enthält.[5] Bohm behauptet dort, daß von Neumanns Beweis der Unmöglichkeit verborgener Parameter für seine Theorie irrelevant sei. Als Grund gibt er an, daß die verborgenen Variablen sowohl vom System als auch vom Meßapparat abhängen; man nennt solche Variablen auch *kontextuell*, im Unterschied zu der nichtkontextuellen Situation, wo die Variablen ausschließlich vom betrachteten System selbst abhängen, unabhängig von den Freiheitsgraden, die mit dem System wechselwirken. Bell sollte später die Bohmsche Kritik an von Neumanns Beweis als unklar und ungenau bezeichnen und eine eigene dezidierte Kritik liefern (Bell 1966).

Bohms Ideen waren nicht wirklich neu. In den zwanziger Jahren hatte Louis de Broglie mit seiner Theorie der Führungswellen einen Vorschlag gemacht, der viele gemeinsame Züge mit der späteren Bohmschen Theorie aufweist und bei Einstein zunächst Anklang fand (vgl. Einstein 1927), siehe Abschn. 1.3 oben. Insbesondere wegen der auf der Solvay-Tagung 1927 erfolgten heftigen Kritik Paulis an diesem Vorschlag ließ de Broglie diese Idee zunächst fallen, kam aber nach dem Erscheinen der Bohmschen Arbeiten wieder darauf zurück. In seinem Beitrag zur Born-Festschrift begründete er diese Rückkehr und stellte auch einen interessanten Bezug zu Einsteins Ideen von Teilchen als Singularitäten von Feldern her (de Broglie 1953a). Dieselbe Festschrift enthält Beiträge von Bohm und von Einstein zu diesem Thema, mit wechselseitigem Bezug (Bohm 1953, Einstein 1953a). In einem Brief an Born bemerkt Einstein zu seinem Beitrag (Einstein et al. 1986, S. 266):

---

[4] Da man in Experimenten eher die Teilchenorte als die Wellenfunktionen beobachtet, hat Bell vorgeschlagen, statt von verborgenen eher von exponierten (*exposed*) Variablen zu reden (Bell 2004, S. 128).

[5] Eine ausführliche Behandlung der Bohmschen Theorie bietet etwa Dürr (2001).

„Ich habe für den Dir zugedachten Festband ein physikalisches Kinderliedchen geschrieben, das Bohm und de Broglie ein bißchen aufgescheucht hat." Einstein war zu dieser Zeit keinesfalls mehr von de Broglies Führungswelle angetan und erst recht nicht von der Bohmschen Variante. Das ist nicht weiter erstaunlich, brechen doch diese Theorien explizit mit der von Einstein postulierten Lokalität.

Bohm selbst sieht den wesentlichen Fortschritt seiner Ideen im Vergleich zu de Broglie wie folgt (Bohm 1952a, S. 167): „The essential new step in doing this is to apply our interpretation in the theory of the measurement process itself as well as in the description of the observed system." Die Ausführungen dazu finden sich in Anhang B seiner zweiten Arbeit (Bohm 1952b). Dort geht er auch auf die Interpretation von Rosen ein (Rosen 1945), die ähnliche Züge aufweist.

Der formale Ausgangspunkt für die Bohmsche (und die de Brogliesche) Theorie ist der folgende Ansatz für die Wellenfunktion:

$$\Psi = R \exp\left(\frac{iS}{\hbar}\right). \tag{5.1}$$

Mit diesem Ansatz läßt sich die Schrödinger-Gleichung in eine Gleichung für die Amplitude R und eine Gleichung für die Phase S zerlegen. Die Gleichung für die Phase ähnelt der Hamilton-Jacobi-Gleichung der Klassischen Mechanik, enthält aber einen Zusatzterm, den Bohm *Quantenpotential* nennt und der durch die Wellenfunktion (5.1) bestimmt wird.[6] Dessen Anwesenheit dazu führt, daß die Teilchenorte auf nichtlokale Weise von der Wellenfunktion „geführt" werden und sich auf Bahnen bewegen, die sich intuitiv nicht verstehen lassen. Da aus der Phase der Wellenfunktion die Geschwindigkeit des Teilchens folgt, ergibt sich beispielsweise, daß das Elektron im Grundzustand des Wasserstoffatoms ruht, da die Wellenfunktion in diesem Zustand reell ist. Bei einem Doppelspaltexperiment geht das Teilchen nicht durch den Spalt, auf den es „zusteuert", sondern durch den anderen Spalt.

Der explizite Ausdruck für das mit (5.1) verknüpfte Quantenpotential lautet

$$Q := -\frac{\hbar^2}{2m}\frac{\nabla^2 R}{R}, \tag{5.2}$$

wobei m die Masse des Teilchens bezeichnet. Man erkennt, daß Q unabhängig von der Stärke von ψ ist, was wieder zum Ausdruck bringt, daß Ψ kein klassisches Feld sein kann.

Die EPR-Situation diskutiert Bohm in Abschnitt 8 seiner zweiten Arbeit, und zwar mit der ursprünglichen Wellenfunktion von EPR und nicht mit der vereinfachten Version seines Lehrbuches (was freilich damit zu tun hat, daß zunächst nicht klar ist, wie man die Bohmsche Theorie auf Spinzustände anwendet). Da die EPR-Wellenfunktion (2.1) reell

---

[6] Das Quantenpotential, von ihm als Quantenglied bezeichnet, findet sich bereits in der „hydrodynamischen Interpretation" von Madelung (1926). Die Bezeichnung ist aber etwas irreführend, da die Bewegungsgleichungen für die Bohmschen Bahnen von erster Ordnung sind und es deshalb keine zum Quantenpotential gehörige Kraft gibt.

ist, ruhen die Teilchen. Ihre möglichen Orte werden durch ein Ensemble beschrieben, für das $x_1 - x_2 = a$ gilt. Bohm schildert dann die Situation auf eine Weise, in der noch der Bohrsche Geist zu spüren ist:

> Now, if we measure the position of the first particle, we introduce uncontrollable fluctuations in the wave function for the entire system, which, through the "quantum-mechanical" forces, bring about corresponding uncontrollable fluctuations in the momentum of each particle. Similarly, if we measure the momentum of the first particle, uncontrollable fluctuations in the wave function for the system bring about, through the "quantum-mechanical" forces, corresponding uncontrollable changes in the position of each particle. Thus, the "quantum-mechanical" forces may be said to transmit uncontrollable disturbances instantaneously from one particle to another through the medium of the ψ-field.

Da Bohm die Nichtlokalität der Theorie als fundamental akzeptiert, unterläuft er das EPR-Kriterium von Anfang an.

Nach vollendeter Messung bleibt das gemessene Teilchen in einem Wellenpaket gefangen; die anderen Wellenpakete sind leer, und es wird implizit angenommen, daß diese leeren Pakete nicht mehr interferieren. Dies läßt sich im Rahmen der gewöhnlichen Quantenmechanik durch den Prozeß der Dekohärenz rechtfertigen, siehe Abschn. 5.4. In diesem Lichte sind Teilchenbahnen überflüssig und beruhen nur auf einem klassischen Vorurteil (Zeh 1999). Tatsächlich gibt es kein Experiment, das zu seiner Erklärung der Bohmschen Bahnen *bedarf*.

Bohm spürte auf seinen Vorschlag heftigen Gegenwind. Pauli brachte natürlich wieder seine scharfe Zunge zum Einsatz, was insbesondere in seinen Briefen zum Ausdruck kommt, aber auch in publizierter Form, ironischerweise in einem Beitrag zu einer de Broglie-Festschrift (Pauli 1953). Eine andere Kritik stammt von Schrödinger, der an Einstein schreibt (von Meyenn 2011, Band 2, S. 675): „Am Bohmschen Vorschlag ist mir unannehmbar, daß er dieselbe Funktion als Wahrscheinlichkeitsverteilung und als Kräftepotential benutzt. Nun kann aber jede wirklich auftretende Bahn doch wohl als Mitglied verschiedener Bahngesamtheiten gedacht werden. Die hinzugedachten, aber nicht verwirklichten Bahnen können doch nicht auf das Bewegliche einwirken."

Bohm selbst betonte bereits die in seiner Theorie vorhandenen Asymmetrien. So werden zwar Objekte wie Elektronen durch Teilchenbahnen beschrieben, jedoch nicht etwa das Photon, obwohl auch dieses bei der Schwärzung einer Photoplatte einen Teilchencharakter aufzuweisen scheint. Es ist im Elektromagnetismus nicht das Photon, sondern das elektromagnetische Viererpotential, welches einem klassischen Feld entspricht, das durch das quantenfeldtheoretische Wellenfunktional „geführt" wird. Die Auszeichnung der Teilchenorte vor den Teilchenimpulsen bricht auch die Symmetrie zwischen den entsprechenden Darstellungen in der Quantenmechanik. Weitere Probleme betreffen die Formulierung des Spins und die Wechselwirkungen in relativistischen Quantenfeldtheorien.[7]

---

[7] In jüngerer Zeit werden Aspekte der Bohmschen Theorie auch als Analogien in der klassischen Physik benutzt, zum Beispiel der Hydrodynamik (Harris et al. 2013).

Bei Bohm und den meisten Folgearbeiten wurde angenommen, daß die anfängliche Wahrscheinlichkeitsverteilung durch die Bornsche Regel, also durch $|\psi|^2$ gegeben sei. In jüngerer Zeit wurde versucht, ohne diese Annahme auszukommen (Valentini und Westman 2005, Philbin 2014). Die Bornsche Wahrscheinlichkeitsverteilung ergibt sich dann quasi als ein Relaxationsprozeß, der eine (im wesentlichen beliebige) Anfangsverteilung auf $|\psi|^2$ führt. Natürlich müssen hierfür bestimmte Annahmen gemacht werden, ähnlich dem Boltzmannschen Stoßzahlansatz bei der Begründung des Zweiten Hauptsatzes. Über einen möglichen kosmologischen Ursprung dieser Annahmen kann nur spekuliert werden.

5.2 Die Bellschen Ungleichungen

Wir haben gesehen, daß Einstein ganz wesentlich von der Annahme einer lokalen Realität ausgeht. Aus dieser Annahme schloß er auf die Unvollständigkeit der Quantentheorie. Es ist das Verdienst des irischen Physikers John Stewart Bell (1928 bis 1990), aus dieser Annahme ganz allgemeine Ungleichungen abgeleitet zu haben, die von der Quantentheorie verletzt werden. Es läßt sich somit *experimentell* testen, ob die Quantentheorie richtig ist oder die Annahme der lokalen Realität. Die Entscheidung ist eindeutig zugunsten der Quantentheorie ausgegangen.[8]

Bell bezieht sich in seiner Arbeit direkt auf EPR; ihr Titel lautet: „On the Einstein-Podolsky-Rosen paradox" (Bell 1964). Die einleitenden Sätze machen diesen Zusammenhang deutlich:

> The paradox of Einstein, Podolsky and Rosen was advanced as an argument that quantum mechanics could not be a complete theory but should be supplemented by additional variables. These additional variables were to restore to the theory causality and locality. In this note that idea will be formulated mathematically and shown to be incompatible with the statistical predictions of quantum mechanics.

Interessanterweise bezeichnet Bell die EPR-Situation als Paradoxon, was sich wohl auf den Konflikt zwischen der Vorstellung einer lokalen Realität und der (nichtlokalen) Quantentheorie bezieht. Die Bedeutung von Bells Arbeit liegt eben darin, daß sie diesen von EPR thematisierten Konflikt auf die Ebene von konkreten, experimentell überprüfbaren (Un)gleichungen führte und somit eine definitive Entscheidung ermöglichte.

Ist man von der universellen Gültigkeit der Quantentheorie überzeugt, so wird man nicht überrascht sein, daß es diesen Konflikt zwischen den Bellschen Ungleichungen und der Quantentheorie gibt (Zeh 2014). Vom einem klassischen Standpunkt aus, der auf der Lokalität beruht, ist er allerdings erstaunlich und beunruhigend. Dies erklärt das gewaltige Interesse an Bells Arbeit, für Alain Aspect „one of the most remarkable papers in the history of physics" (Aspect 2004). Wie man auch immer dazu stehen mag, keine andere

---

[8] Bell hat viele lesenswerte Essays zu den Grundlagen der Quantenmechanik verfaßt, die in Bell (2004) abgedruckt sind. Empfehlenswert ist auch der Sammelband Bertlmann und Zeilinger (2002).

Arbeit hat in den letzten fünfzig Jahren derart belebend auf die Debatte um die Grundlagen der Quantenmechanik gewirkt.

Bell hat sich, wie er erwähnt, bereits seit 1952 mit den Grundlagen der Quantentheorie befaßt, in erster Linie unter dem Eindruck der damals publizierten Bohmschen Arbeiten.[9] Die Bohmsche Theorie enthält ja explizit „verborgene Parameter", die freilich auf nichtlokale Weise agieren. Deren Existenz schien in Widerspruch zu dem oben erwähnten von Neumannschen Beweis zu stehen, der ja gerade die Unmöglichkeit solcher Variablen behauptet, solange man an den Vorhersagen der Quantentheorie festhält. Bell spürte die Lücke in von Neumanns Beweis auf und verfaßte hierzu 1964 (noch vor der Arbeit zu den Bellschen Ungleichungen) einen Aufsatz, der allerdings erst zwei Jahre später veröffentlicht wurde (Bell 1966). Dies geschah offenbar in Unkenntnis von Grete Hermanns oben erwähnter Arbeit aus dem Jahre 1935.

Bell beginnt diese Arbeit[10] mit der Frage, ob sich quantenmechanische Zustände darstellen lassen als Mittelungen über neuartige individuelle Zustände, bei denen beispielsweise die Spinwerte in bezug auf alle Richtungen oder zum Beispiel der Ort eines Teilchens gleichzeitig mit dessen Impuls genau festgelegt sind. Solche Zustände heißen auch „dispersionsfreie Zustände", da sie im Unterschied zu quantenmechanischen Zuständen keine Dispersion („Unschärfe") aufweisen. Für diese neuartigen Zustände benötigt man zusätzlich zur Wellenfunktion neuartige „verborgene" Variablen, die hier kollektiv mit dem Symbol λ bezeichnet seien. Diese Variablen sollten es dann gestatten, einzelne Meßergebnisse vorherzubestimmen, im Unterschied zur Quantenmechanik, die in der Regel nur Wahrscheinlichkeitsaussagen erlaubt.

Bell geht dann im Detail auf von Neumanns Beweis ein und identifiziert – wie schon Grete Hermann vor ihm – den wunden Punkt im Beweis: eine zu starke Annahme. Von Neumann postuliert die Linearität der Erwartungswerte: Der Erwartungswert einer Summe von Operatoren ist die Summe der einzelnen Erwartungswerte.[11] Diese Regel gilt zwar in der Quantenmechanik; für Zustände mit verborgenen Variablen muß sie freilich nicht gelten. Von Neumanns Annahme ist also zu stark.[12]

Bell wendet sich dann anderen Beweisen zu, welche die Unmöglichkeit von Theorien mit verborgenen Parametern behaupten. Hierzu gehören insbesondere die Arbeiten von Gleason (1957) und Kochen und Specker (1967).[13] In diesen Arbeiten wird gezeigt, daß es keine *nicht-kontextuellen* Modelle mit verborgenen Parametern gibt, die mit den Vor-

---

[9] „The papers were for me a revelation." So zitiert ihn seine Frau, Mary Bell (Bertlmann und Zeilinger 2002, S. 3).

[10] Dieselbe Thematik wird von Bell sehr ausführlich in seinem Konferenzbericht zu einer Tagung dargestellt, die 1970 in Varenna stattfand, siehe Bell (2004), S. 29–39.

[11] Wegen der Definition von Erwartungswerten siehe den Anhang.

[12] Daß von Neumanns Beweis immerhin eine gewisse Klasse von Theorien mit verborgenen Parametern ausschließt, wird von Bub (2010) betont.

[13] Auf Kochen und Specker (1967) und spätere Arbeiten geht Bell in seinem oben zitierten Varenna-Beitrag ein.

hersagen der Quantenmechanik kompatibel sind.[14] Der Begriff „nicht-kontextuell" wird zwar von Bell selbst nicht benutzt,[15] dennoch erfolgt seine Diskussion genau in diesem Sinne. Nicht-kontextuell bedeutet, daß der vollständige Zustand, gegeben durch ψ und λ, beispielsweise jeder Richtung eine wohldefinierte Spinkomponente zuordnet, unabhängig davon, welche anderen Komponenten oder welche sonstigen Größen gemessen werden. Der Ausschluß nicht-kontextueller Modelle durch die eben erwähnten Beweise bedeutet, daß man nicht annehmen kann, daß die Ergebnisse eines quantenmechanischen Experiments bereits vor der Messung festliegen. Eine experimentelle Bestätigung dieser Unmöglichkeit wird etwa in D'Ambrosio et al. (2013) diskutiert.

Diese Ergebnisse sind natürlich für sich genommen interessant, stehen sie doch im Widerspruch zu der an der klassischen Physik geschulten Anschauung. Bells wesentliche Einsicht war jedoch, daß alle diese Beweise auf zu engen Annahmen beruhen. Die verborgenen Variablen können nämlich nicht nur mit dem zu messenden System verknüpft sein, sondern auch mit den Freiheitsgraden des Meßapparates, was einer *kontextuellen Situation* entspricht. Ganz allgemein versteht man darunter eine Situation, bei der ein Meßergebnis davon abhängen kann, welche anderen Messungen durchgeführt werden. Bell schreibt (Bell 1966, S. 451):

> The result of an observation may reasonably depend not only on the state of the system (including hidden variables) but also on the complete disposition of the apparatus.

Bell betrachtet kontextuelle Situationen. Er leitet aus der Annahme einer *lokalen* Theorie mit verborgenen Parametern allgemeine Ungleichungen ab, die von der Quantenmechanik verletzt werden (Bell 1964). Werden diese Ungleichungen verletzt, so ist die von Einstein stark favorisierte Lokalitätsannahme falsch.

Für experimentelle Tests benutzt man meistens eine Verallgemeinerung der ursprünglich von Bell aufgestellten Gleichungen. Diese stammt von Clauser et al. (1969), weshalb man auch – ausgehend von den Anfangsbuchstaben der Autoren – von den CHSH-Ungleichungen oder dem CHSH-Test spricht. Eine Ableitung dieser Ungleichungen würde den Rahmen dieses Kommentars sprengen;[16] die wesentliche Idee sei aber kurz geschildert.

Wir betrachten den in Abb. 5.1 dargestellen Versuchsaufbau. Von einer Quelle in der Mitte aus werden zwei Teilchen mit halbzahligem Spin in entgegengesetzte Richtungen geschickt. Es sei angenommen, daß sich die beiden Teilchen zusammen in dem nichtlokalen Quantenzustand (2.9) befinden. Es handelt sich dabei um den Singulett-Zustand, wie er in der Bohmschen Version des EPR-Gedankenexperiments zur Anwendung kommt. Links und rechts befinden sich weit voneinander entfernt zwei „Polarisatoren" P_1 und P_2,

---

[14] Formal gelten die Beweise erst ab einer Hilbert-Raum-Dimension von 3.

[15] Eine ausführliche Diskussion der Begriffe „kontextuell" und „nicht-kontextuell" findet sich beispielsweise in Peres (1995) und Shimony (2009).

[16] Außer Bell (2004) und Bertlmann und Zeilinger (2002) sei als Literatur hierzu etwa Isham (1995) oder Peres (1995) empfohlen.

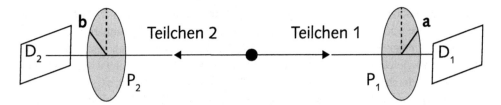

Abb. 5.1 Versuchsaufbau zum Test der Bellschen Ungleichungen

die das jeweilige Teilchen nur durchlassen, wenn der Spin in bezug auf eine gewählte Richtung nach oben weist; damit wird die Spinkomponente in bezug auf diese Richtung gemessen. Die möglichen Richtungen bei P_1 seien mit **a** und **a′**, die möglichen Richtungen bei P_2 mit **b** und **b′** bezeichnet. Hinter P_1 und P_2 befinden sich jeweils zwei Detektoren, die ansprechen, wenn ein Teilchen eintrifft.

Wählt man als Richtungen **a** = **b**, so herrscht in dem Zustand (2.9) eine hundertprozentige Anti-Korrelation: Zeigt der Spin bei P_1 nach oben, so bei P_2 nach unten und umgekehrt. Für die Bellschen Ungleichungen benötigt man allerdings bei beiden Polarisatoren mindestens zwei Richtungen. Das entspricht der Kontextualität der Situation. Die Lokalitätsannahme besagt nun, daß das Meßresultat bei P_1 unabhängig ist von der Einstellung der Richtung bei P_2. In den Experimenten wird diese Unabhängigkeit dadurch garantiert, daß die Wahl der Richtung bei P_2 so schnell erfolgt, daß sich kein Signal mit maximal Lichtgeschwindigkeit von der Messung bei P_1 nach P_2 ausbreiten kann und P_2 vor der zufälligen Wahl der dortigen Richtung erreicht. (Die Ereignisse „Messung des Spins bei P_1" und „Wahl der Richtung bei P_2" liegen also raumartig zueinander.)

Die Korrelation der Meßergebnisse bei P_1 und P_2 sei durch eine Funktion $C(\mathbf{a}, \mathbf{b})$ beschrieben, die von der Wahl der beiden Richtungen abhängt (bei hundertprozentiger Anti-Korrelation habe diese Funktion den Wert -1, bei hundertprozentiger Korrelation den Wert $+1$). Alleine aus der Lokalitätsannahme kann man dann die folgende Bellsche Ungleichung (bzw. CHSH-Ungleichung) ableiten:

$$|C(\mathbf{a}, \mathbf{b}) + C(\mathbf{a}, \mathbf{b}') + C(\mathbf{a}', \mathbf{b}) - C(\mathbf{a}', \mathbf{b}')| \leq 2. \tag{5.3}$$

Die Quantenmechanik liefert hierfür auf der rechten Seite die Schranke $2\sqrt{2} > 2$, und es gibt tatsächlich quantenmechanische Zustände, die (5.3) explizit verletzen; diese Zustände sind natürlich wie (2.9) verschränkt.[17]

In den Experimenten arbeitet man meistens mit Photonen, wobei deren Polarisationsrichtung die Rolle des Spins in dem obigen Beispiel annimmt. Die ersten bedeutsamen Tests stammten von Alain Aspect und seiner Gruppe in Paris, die Anfang der achtziger

---

[17] Umgekehrt folgt aus der Erfüllung der Bellschen Ungleichungen nicht notwendigerweise die Faktorisierbarkeit des Zustandes, vgl. Bruß (2003), S. 104. Verschränkte Zustände, welche die Bellschen Ungleichungen erfüllen, heißen auch „Werner-Zustände".

Jahre eine Verletzung der CHSH-Ungleichungen mit einem Fehler von 5σ konstatierten. Dieser Gruppe war es gelungen, die beiden Ereignisse bei P_1 und P_2 raumartig zu wählen.

Alle einschlägigen Experimente haben bisher die Quantenmechanik bestätigt und die Bellschen Ungleichungen – und damit die Annahme der lokalen Realität – verletzt. Dennoch werden immer wieder mögliche Schlupflöcher diskutiert, die eine Unvollkommenheit der experimentellen Situation ausnützen könnten, um die Gültigkeit der Bellschen Ungleichungen zu retten (Weihs 2009). Ein mögliches Schlupfloch böte die Verletzung der Raumartigkeit zwischen den oben erwähnten Ereignissen; dieses ist aber praktisch bei allen Experimenten geschlossen worden. Ein anderes mögliches Schlupfloch wäre eine verfälschte Statistik, die dadurch zustande kommen könnte, daß einige Photonen den Detektoren entwischen und deshalb nicht nachgewiesen werden; man spricht dann von dem *detection loophole* oder Nachweis-Schlupfloch. Natürlich kann man auch die Gültigkeit des freien Willens (und damit die zufällige Wahlmöglichkeit der Polarisationsrichtung bei P_2) in Frage stellen. Diese Möglichkeit erscheint den meisten Physikern freilich recht abwegig und soll hier nicht in Betracht gezogen werden.

Bei der momentanen experimentellen Entwicklung geht es hier in erster Linie darum, diese Schlupflöcher endgültig zu schließen. Das ist auch weitgehend gelungen.[18] Auch wenn man noch einige Spitzfindigkeiten diskutieren mag – man kann mit an Sicherheit grenzender Wahrscheinlichkeit schließen, daß die Bellschen Ungleichungen empirisch verletzt sind, die Quantenmechanik bestätigt wurde und die Vorstellung von einer lokalen Realität falsch ist.

Bei den von Bell vorgeschlagenen Tests zur lokalen Realität dreht es sich ganz wesentlich um den Test von Ungleichungen. Greenberger et al. (1989) konnten darüber hinaus einen Zustand vorstellen, für den der Test der lokalen Realität der Test einer Gleichung ist. Man bezeichnet diesen Zustand nach den Anfangsbuchstaben der drei Autoren als GHZ-Zustand. Es handelt sich hierbei um einen Zustand nicht mit zwei (wie bei Bell), sondern mit drei (oder mehr) verschränkten Photonen. Während die Quantenmechanik für eine bestimmte Observable (ein gewisses Produkt von Spinkomponenten) hierfür das Ergebnis -1 vorhersagt, folgt aus der lokalen Realität der Wert $+1$. Auch hier hat sich experimentell die Quantenmechanik bestätigt.[19]

Bells Arbeiten und die darauf folgende Entwicklung wurden ganz wesentlich durch den EPR-Artikel angestoßen. Für Einstein stand im Mittelpunkt die Vorstellung einer lokalen Realität. Die hier skizzierte Entwicklung belegt, daß diese Vorstellung in Widerspruch zu den empirisch bestätigten Vorhersagen der Quantenmechanik ist. Es ist natürlich müßig zu fragen, ob Einstein bei einer Kenntnis dieser Entwicklung seine Einstellung geändert hätte. Es ist aber schwer vorstellbar, daß er empirische Argumente vollständig ignoriert hätte.

---

[18] Siehe die in jüngster Zeit erschienenen Arbeiten Christensen et al. (2013), Giustina et al. (2013) und Erven et al. (2014).

[19] Siehe Pan et al. (2000). Auch die in der letzten Fußnote erwähnte Arbeit Erven et al. (2014) benutzt einen GHZ-Zustand mit drei Photonen, von denen zwei über mehrere hundert Meter propagieren.

Bell hat betont, daß es Einstein erst in zweiter Linie um den Determinismus ging, daß dieser Punkt dem eigentlichen Anliegen – der lokalen Realität – also nachgeordnet war (vgl. hierzu auch Maudlin 2014). So schreibt er in Bell (1981), S. 143:[20]

> It is important to note that to the limited degree to which *determinism* plays a role in the EPR argument, it is not assumed but *inferred*. What is held sacred is the principle of 'local causality' – or 'no action at a distance'. ... It is remarkably difficult to get this point across, that determinism is not a *presupposition* of the analysis.

Sicher glaubte Einstein nicht daran, daß „Gott würfle"; er war aber eher bereit, den Determinismus aufzugeben als die Lokalität.

In dem eben zitierten Artikel geht Bell auch auf Bohrs Antwort zu dem EPR-Artikel ein, die wir in Abschn. 4.2 diskutiert haben (vgl. hierzu auch Whitaker 2004). Im wesentlichen betrachtet er Bohrs Replik als unverständlich:[21] „While imagining that I understand the position of Einstein, as regards the EPR correlations, I have very little understanding of the position of his principal opponent, Bohr." Und nach der Vorstellung von zentralen Passagen aus Bohrs Arbeit: „Indeed I have very little idea what this means." Er stellt abschließend die Frage: „Is Bohr just rejecting the premise – 'no action at a distance' – rather than refuting the argument?" Dem haben wir nichts hinzuzufügen.

5.3 Die Vielwelteninterpretation

Hugh Everett (1930 bis 1982) veröffentlichte 1957 eine Arbeit, die auf seiner unter der Betreuung durch John Wheeler angefertigten Doktorarbeit beruht (Everett 1957). Darin stellte er eine neue Interpretation der Quantentheorie vor, von ihm selbst als *relative state formulation* bezeichnet, später aber bekannt geworden als „Vielwelteninterpretation" oder „Everett-Interpretation".

Everett gibt als Motivation die Quantisierung der Allgemeinen Relativitätstheorie an, die Wheeler in jenen Jahren beschäftigte. In diesem Rahmen stellt sich die Frage, wie eine Wellenfunktion zu interpretieren sei, die man auf das gesamte Universum anwendet, für die es also keinen äußeren Beobachter gibt. Tatsächlich nennt er seine Doktorarbeit *Theory of the universal wave function*, die Theorie der universellen Wellenfunktion. In seiner Arbeit Everett (1957) spielt die Quantisierung der Relativitätstheorie keine weitere Rolle; diese wird in dem Everettschen Rahmen erst zehn Jahre später von Bryce DeWitt diskutiert (DeWitt 1967).

Der Schlüssel zur Everett-Interpretation liegt darin, den Formalismus der Quantentheorie ernst zu nehmen und in gewissem Sinne als endgültig zu betrachten. So soll insbesondere die Schrödinger-Gleichung (1.4) für ein isoliertes System *immer exakt gel-*

---

[20] Die Seitenangabe bezieht sich auf die in Bell (2004) abgedruckte Version.
[21] Bell (1981), Anhang 1.

ten. Es gibt in dieser Interpretation also keinen Kollaps der Wellenfunktion. Das hat fundamentale Konsequenzen für die Rolle des Beobachters in der Quantentheorie.

Betrachten wir an einem einfachen Beispiel die quantenmechanische Behandlung des Meßprozesses, wie sie von Neumann in seinem Buch vorgestellt hat (von Neumann 1932). Gegeben sei ein quantenmechanisches System mit halbzahligem Spin. Ein Meßapparat werde an das System gekoppelt, um den Wert dieses Spins in bezug auf eine frei wählbare Richtung (definiert zum Beispiel durch ein Magnetfeld und hier als z-Richtung bezeichnet) zu messen. Nach den Regeln der Quantentheorie kann dieser Wert entweder $+\hbar/2$ oder $-\hbar/2$ betragen; im ersten Fall bezeichnen wir den Zustand mit $|\uparrow\rangle$ („Spin oben"), im zweiten Fall mit $|\downarrow\rangle$ („Spin unten"). Diese Zustände haben wir bereits in der Bohmschen Version des EPR-Gedankenexperiments kennengelernt, siehe Abschn. 2.3.

In einer konsistenten Behandlung des Meßprozesses wird auch der Meßapparat durch einen quantenmechanischen Zustand beschrieben. Um eine Spinmessung durchzuführen, muß die Wechselwirkung zwischen System und Apparat so beschaffen sein, daß der Zustand des Apparats mit dem Zustand des Systems korreliert wird, im einfachsten („idealen") Fall so, daß der Zustand des Systems dabei nicht gestört wird. Werde eine Spinmessung beispielsweise bezüglich der z-Richtung durchgeführt, so soll die Wechselwirkung die unkorrelierten Anfangszustände $|\uparrow\rangle|\phi_0\rangle$ („Spin oben") beziehungsweise $|\downarrow\rangle|\phi_0\rangle$ („Spin unten"), mit $|\phi_0\rangle$ als dem Anfangszustand des Apparats vor der Messung, wie folgt transformieren:

$$|\uparrow\rangle|\phi_0\rangle \xrightarrow{t} |\uparrow\rangle|\phi_\uparrow\rangle, \quad |\downarrow\rangle|\phi_0\rangle \xrightarrow{t} |\downarrow\rangle|\phi_\downarrow\rangle. \tag{5.4}$$

Die Zustände $|\phi_\uparrow\rangle$ ($|\phi_\downarrow\rangle$) werden dann interpretiert als „Apparat hat Spin oben gemessen" („Apparat hat Spin unten gemessen"). Soweit, so gut. Ist die Quantenmechanik universell gültig, so gilt insbesondere das Superpositionsprinzip. Eine Superposition von Spin oben und Spin unten (das ergibt einen Zustand mit Spin links oder Spin rechts) wird sich dann aufgrund (5.4) wie folgt entwickeln:

$$(|\uparrow\rangle| \pm |\downarrow\rangle)|\phi_0\rangle \xrightarrow{t} |\uparrow\rangle|\phi_\uparrow\rangle \pm |\downarrow\rangle|\phi_\downarrow\rangle. \tag{5.5}$$

Das ist aber nichts anderes als eine Superposition von makroskopischen Zuständen („Zeigerzuständen") des Meßapparats! Da man eine solche nicht beobachtet (man beobachtet Apparate und deren Zeigerstände immer in definitiven klassischen Zuständen) hat von Neumann den Kollaps der Wellenfunktion postuliert, der das Superpositionsprinzip bei einer Messung außer Kraft setzt und den Formalismus der Quantenmechanik verändert, siehe Abschn. 1.4.

Nicht so bei Everett. Für ihn ist die Superposition (5.5) *real*. Wie erklärt man dann aber die Nichtbeobachtung eines solchen Zustands? Den Schlüssel hierzu bietet die explizite Einbeziehung des Beobachters. Beschreiben $|O_0\rangle$ den anfänglichen Zustand des Beobachters vor der Messung, $|O_\uparrow\rangle$ den Zustand „Beobachter sieht das Meßresultat Spin oben" und $|O_\downarrow\rangle$ den Zustand „Beobachter sieht das Meßresultat Spin unten", so findet man anstatt der Superposition (5.5) eine größere Superposition, die auch den Beobachter einschließt:

$$(|\uparrow\rangle| \pm |\downarrow\rangle)|\phi_0\rangle|O_0\rangle \overset{t}{\longrightarrow} |\uparrow\rangle|\phi_\uparrow\rangle|O_\uparrow\rangle \pm |\downarrow\rangle|\phi_\downarrow\rangle|O_\downarrow\rangle. \tag{5.6}$$

Verschlimmert sich dadurch nicht die Situation? Laut Everett nicht. Die in (5.6) dargestellte Entwicklung entspricht einer Verzweigung der gesamten Wellenfunktion in unabhängige Komponenten („Zweige"), von denen jede für sich einer eigenen klassischen Welt entspricht. Die gesamte Quantenrealität entspricht also einem Bild, in dem der gleiche Beobachter in zwei Komponenten der Wellenfunktion existiert, wobei die eine Version des Beobachters das Meßresultat Spin oben, die andere Version das Meßresultat Spin unten wahrnimmt. Alle möglichen Meßresultate sind in der vollen Quantenwelt tatsächlich realisiert. Die Robustheit einer solchen Aufspaltung folgt aus der im nächsten Abschnitt diskutierten Dekohärenz.

Man nennt die Funktion $|\uparrow\rangle|\phi_\uparrow\rangle$, die mit der Beobachterversion $|O_\uparrow\rangle$ multipliziert wird, den „relativen Zustand" bezüglich $|O_\uparrow\rangle$ (und analog für die zweite Komponente). Aus diesem Grund bezeichnet Everett seine Interpretation als *relative state formulation*.

Dieses Bild gilt natürlich nicht nur bei Spinmessungen, sondern bei Messungen aller Observablen, sei es die Ortsmessung eines Elektrons oder die hypothetische Beobachtung der Schrödinger-Katze. Nach der Everett-Interpretation hat man keine Superposition von toter und lebendiger Katze in einer klassischen Welt, sondern eine Superposition von einer Welt mit einer toten und einer Welt mit einer lebendigen Katze.

Die Trennung zwischen Beobachter und Quantensystem ist in Everetts Formulierung von vornherein aufgehoben. Von Neumanns psychophysikalischer Parallelismus (siehe Abschn. 1.4) muß deshalb verallgemeinert werden. In seiner ursprünglichen Formulierung bezeichnet er die direkte Verbindung von Beobachter und beobachtetem Zustand. In der Everett-Interpretation hat man nur noch eine Entsprechung zwischen der jeweiligen Beobachterversion und dem jeweiligen relativen Zustand des Systems. In den Worten von John Bell (Bell 2004, S. 133): „The psycho-physical parallelism is supposed such that our representatives in a given 'branch' universe are aware only of what is going on in that branch."

In dem darauf folgenden Satz bezeichnet Bell die Everett-Interpretation als extravagant: „Now it seems to me that this multiplication of universes is extravagant, and serves no real purpose in the theory, and can simply be dropped without repercussions." Er bevorzugt deshalb (zumindest an dieser Stelle)[22] die Bohmsche Interpretation, die sich von der Everettschen allein dadurch unterscheidet, daß sie zu den Wellenfunktionen noch klassische Teilchen (und Feldkonfigurationen) hinzufügt. Nach der Messung sind diese in einem Wellenpaket gefangen und beschreiben dann die beobachtete klassische Welt.[23]

Aber ist die Everett-Interpretation tatsächlich extravagant? Sie ergibt sich auf natürliche Weise, wenn man den Formalismus der Quantentheorie ernst nimmt und keine Änderungen per Hand einführt. Insofern ist sie eigentlich minimalistisch und entspricht direkt

---

[22] Später sympathisiert er mit Kollapsmodellen, insbesondere dem GRW-Modell (Bell 2004).
[23] An anderer Stelle bezeichnet Bell solche klassischen Variablen als *beables* oder „Seiende".

dem Formalismus, wie er in den Lehrbüchern zu finden ist. Es ist deshalb nicht ganz richtig, sie als eigene Interpretation zu bezeichnen. Von einem grundlegenden Standpunkt aus gibt es nur eine Quantenwelt – allerdings mit vielen klassischen, genauer: quasiklassischen, Komponenten.

Bells Unbehagen wird von vielen Physikern geteilt. Die Bohmsche Theorie ist ein Versuch, das Bild *einer* makroskopischen klassischen Welt zu retten. Andere Versuche gehen weiter und modifizieren die Schrödinger-Gleichung durch zusätzliche nichtlineare oder stochastische Terme. Solche Terme sollen einen Kollaps der Wellenfunktion bewirken: Superpositionen wie (5.5) entwickeln sich dann aufgrund einer solchen abgeänderten Dynamik in eine der beiden Komponenten, und zwar mit der durch die Bornsche Regel gegebenen Wahrscheinlichkeit; die Wellenfunktion „kollabiert" in eine der beiden möglichen Komponenten.[24] Zu den am intensivsten diskutierten Kollapsmodellen zählen das – nach den Autoren Ghirardi, Rimini und Weber benannte – GRW-Modell sowie das hieraus hervorgegangene CSL-Modell.[25] Bisher gibt es noch keine empirischen Hinweise auf eine Verletzung der Schrödinger-Gleichung und die Gültigkeit eines der Kollapsmodelle. Eine detaillierte Übersicht über Kollapsmodelle und den Stand ihrer experimentellen Überprüfung findet sich in Bassi et al. (2013).

Im Rahmen der Everett-Interpretation gibt es kein EPR-Problem (Zeh 1970). Interpretieren wir (5.6) als Spinmessung in der Bohmschen Variante des EPR-Experiments, so bedeutet dies, daß die beiden möglichen Meßresultate mit den entsprechenden Versionen des Beobachters im Gesamtzustand real existieren. Wegen der Nichtlokalität des quantenmechanische Formalismus' ist das Einsteinsche Kriterium der Lokalität nicht anwendbar, und der Schluß von EPR auf die Unvollständigkeit der Quantenmechanik kann nicht gezogen werden.[26]

Einstein selbst konnte nicht mehr auf Everetts Vorschlag reagieren, da er bereits 1955 verstorben war. Everett traf jedoch auf der Xavier-Tagung im Oktober 1962 mit Podolsky und Rosen zusammen (siehe Xavier University (1962) für ein Transkript der Beiträge). Hierüber berichtet Peter Byrne in seiner Everett-Biographie (Byrne 2010, S. 252–261). Es kam zu heftigen Diskussionen. Die meisten Diskussionsteilnehmer hielten Everetts Interpretation für haltbar und konsistent, auch wenn sie sie wegen deren weltanschaulichen Konsequenzen nicht akzeptieren wollten. So auch Podolsky und Rosen. Für Rosen waren die diskutierten begrifflichen Probleme der Quantentheorie nur ein weiterer Beleg für die Unvollständigkeit der Theorie, ganz im Sinne der EPR-Arbeit.

---

[24] Bell und Nauenberg schreiben zu diesem Kollaps der Wellenfunktion, auch „Reduktion des Wellenpakets" genannt (Bell 2004, S. 22): „There are, ultimately, no mechanical arguments for this process, and the arguments that are actually used may well be called moral." Mit moralischen Argumenten meinen die Autoren hier weltanschauliche oder philosophische Argumente.

[25] CSL steht für *continuous spontaneous localization*.

[26] Für eine weitergehende Lektüre der Vielwelteninterpretation jenseits der Relevanz für die EPR-Diskussion sei insbesondere auf die Essays in Saunders et al. (2010) und Zeh (2012) verwiesen; siehe auch Wallace (2012). Über den Lebensweg Everetts wird detailliert in Byrne (2010) berichtet.

In den Diskussionsbeiträgen ist deutlich die Spannung zu spüren, die entsteht, wenn man die Gültigkeit des Superpositionsprinzips und die Linearität der Schrödinger-Gleichung beibehalten will, die Konsequenzen der „vielen Welten" aber nicht akzeptieren kann. Everett merkt dazu an (Byrne 2010, S. 255):

> Yes, it's a consequence of the superposition principle that each separate element of the superposition will obey the same laws independent of the presence or absence of one another. Hence, why insist on having a certain selection of one of the elements as being real and all of the others somehow mysteriously vanishing?

Die ursprüngliche Formulierung durch Everett wirft noch andere wichtige Fragen auf. So ist nicht klar, in bezug auf welche Klasse von Wellenfunktionen (welche Basis) die Verzweigung erfolgen soll. Es ist auch offen, wie sich die Bornsche Wahrscheinlichkeitsinterpretation aus einer Formulierung ergeben kann, in der auf fundamentaler Ebene keine Wahrscheinlichkeiten vorkommen. Everett war sich sicher, daß seine Interpretation konsistent ist, konnte aber diese Fragen nur ansatzweise bearbeiten. Dies wurde erst möglich, nachdem ein tieferes Verständnis dafür gewonnen werden konnte, wie sich klassische Eigenschaften in einer Welt ergeben, die fundamental durch die Quantentheorie beschrieben wird. Das ist das Thema des nächsten Abschnitts.

5.4 Der klassische Grenzfall

In Grundlagendiskussionen der Quantentheorie spielt der Begriff der *Messung* beziehungsweise des *Meßprozesses* eine zentrale Rolle. Es ist während der Messung, wo die Schrödinger-Gleichung scheinbar außer Kraft gesetzt wird und aus einer Superposition von Zuständen derjenige überlebt, der dem gefundenen Meßergebnis entspricht. John von Neumann hat diesen Meßprozeß formalisiert und den Kollaps der Wellenfunktion als neue Dynamik eingeführt, siehe Abschn. 1.4. Aber warum sollte die Messung eines Systems eine besondere Rolle spielen?

Tatsächlich ist eine Messung nichts anderes als eine Wechselwirkung zwischen zwei Systemen, wobei das eine das zu messende und das andere das messende (der „Apparat") ist. Sollte man also nicht einfach von Wechselwirkungen mit bestimmten Eigenschaften reden? Wie wohl kaum ein anderer hat sich John Bell gegen die ausgezeichnete Rolle von Messungen in Grundlagendiskussionen der Quantenmechanik gewandt. In seinem vielbeachteten Artikel „Against 'measurement' " schreibt Bell zu dem Begriff der Messung (Bell 1990, S. 34): „... the word has had such a damaging effect on the discussion, that I think it should now be banned altogether in quantum mechanics."

In Wirklichkeit ist das Meßproblem in der Quantentheorie Teil eines allgemeinen Problems: Wie und wann entstehen klassische Eigenschaften? Der eigentliche Punkt ist also das Problem des klassischen Grenzfalls, ein Punkt, der bei der Auszeichnung von Meßsituationen verborgen bleibt.

Das Problem des klassischen Grenzfalls war schon früh thematisiert worden. So stellte sich auf der Solvay-Tagung von 1927 Max Born die Frage, wie es sich verstehen lasse, daß die Spur jedes Alphateilchens in der Wilson-Kammer eine ungefähre Gerade zu sein scheint, obwohl man zur Beschreibung dieser Teilchen eine kugelsymmetrische Wellenfunktion gebraucht. Zwei Jahre später stellte Neville Mott seine Idee vor, daß für die beobachteten Spuren der Alphateilchen die Wechselwirkung mit den vielen Atomen der Wilson-Kammer verantwortlich·sei (Mott 1929). Diese Idee ist in der Folgezeit nicht weiter verfolgt worden, was vermutlich dem Einfluß Niels Bohrs und der Kopenhagener Interpretation geschuldet ist.

Wie stark Quantensysteme mit den Freiheitsgraden ihrer Umgebung wechselwirken und wie wichtig dies für den klassischen Grenzfall tatsächlich ist, hat einige Jahrzehnte später H.-Dieter Zeh in Heidelberg klar erkannt (Zeh 1970). Makroskopische Systeme sind praktisch immer an andere Freiheitsgrade gekoppelt (Photonen, streuende Moleküle etc.), so daß sie nicht als isoliert betrachtet werden können. Die Schrödinger-Gleichung läßt sich aber nur auf das – als abgeschlossen angenommene – Gesamtsystem anwenden; erst aus deren Lösung für das Gesamtsystem läßt sich erschließen, wie sich Teilsysteme verhalten. Es stellt sich dabei heraus, daß sich makroskopische Teilsysteme in der Regel klassisch *verhalten*. Die Wechselwirkung mit den Freiheitsgraden der Umgebung führt zu einer globalen Verschränkung zwischen System und Umgebung, was das System klassisch erscheinen läßt. Diesen wichtigen Vorgang bezeichnet man als *Dekohärenz*.[27]

Im folgenden sei kurz skizziert, wie sich Dekohärenz aus dem Formalismus der Quantentheorie ergibt.[28] Eine grundlegende Annahme ist, daß dieser Formalismus tatsächlich unbeschränkt für alle Systeme gilt und keiner Abänderung durch einen dynamischen Kollaps bedarf.

Betrachten wir, von Neumann folgend, der Einfachheit halber eine Wechselwirkung zwischen einem ‚System' S und einem ‚Apparat' $\mathcal{A}$, bei der S mit $\mathcal{A}$ korreliert wird, ohne den Systemzustand zu verändern; dies entspricht einer sogenannten „idealen Messung", wie wir sie im letzten Kapitel behandelt haben, vgl. (5.4). Wie dort wollen wir den Vorgang an dem einfachen Beispiel einer Spinmessung veranschaulichen. Liegen für das System anfangs die Zustände „Spin oben" oder „Spin unten" vor, so wird der Apparat bei der Messung entsprechend (5.4) mit diesen Zuständen korreliert.

Wegen des Superpositionsprinzips kann sich das System freilich auch in einer Überlagerung verschiedener Zustände befinden, mit beliebigen komplexen Koeffizienten α und β. Die Wechselwirkung führt dann auf

$$(\alpha|\!\uparrow\rangle + \beta|\!\downarrow\rangle))\,|\phi_0\rangle \xrightarrow{t} \alpha|\!\uparrow\rangle|\phi_\uparrow\rangle + \beta|\!\downarrow\rangle|\phi_\downarrow\rangle. \tag{5.7}$$

---

[27] Das Wort Dekohärenz beziehungsweise *decoherence* wurde um 1989 vermutlich von Gell-Mann geprägt.

[28] Für eine ausführliche Diskussion sei auf Joos (2002), Joos et al. (2003), Schlosshauer (2007) und Zurek (2003) verwiesen. Zur Geschichte der Dekohärenz siehe Camilleri (2009) und Zeh (2005).

Dies stellt aber wie in (5.5) eine Superposition verschiedener Apparatzustände („Zeiger-stellungen') dar! Bis jetzt haben wir nur von Neumanns Diskussion wiederholt, aus der sich für ihn die Notwendigkeit einer zusätzlichen Dynamik („Kollaps' oder „Reduktion' der Wellenfunktion) ergab.

Zehs Idee folgend, berücksichtigen wir jetzt die Tatsache, daß der Apparat $\mathcal{A}$ kein isoliertes System darstellt, sondern mit den Freiheitsgraden der Umgebung, kurz als $\mathcal{E}$ bezeichnet, wechselwirkt. Bezeichnet man den Anfangszustand der Umgebung mit $|E_0\rangle$, so wird nach der Wechselwirkung der Umgebungszustand mit den Apparatzuständen (und damit indirekt mit den Systemzuständen) korreliert. Anwendung des Superpositionsprin-zips scheint jetzt aber die Situation im Vergleich zu (5.7) noch zu verschlimmern. Denn in der Superposition des Gesamtsystems sind jetzt auch die Umgebungsfreiheitsgrade einge-schlossen:

$$\left(\alpha|\uparrow\rangle|\phi_\uparrow\rangle + \beta|\downarrow\rangle|\phi_\downarrow\rangle\right)|E_0\rangle \xrightarrow{t} \alpha|\uparrow\rangle|\phi_\uparrow\rangle|E_\uparrow\rangle + \beta|\downarrow\rangle|\phi_\downarrow\rangle|E_\downarrow\rangle. \qquad (5.8)$$

Das ist ein verschränkter Zustand zwischen im allgemeinen sehr vielen Freiheitsgraden, die auch räumlich (wie in der EPR-Situation) weit auseinander liegen können. Der sprin-gende Punkt ist nun aber, daß – im Unterschied zum Apparat – die Freiheitsgrade von $\mathcal{E}$ der Beobachtung nicht zugänglich sind. Es handelt sich dabei ja etwa um Photonen, die am Apparat streuen und dann irreversibel verschwinden. Was tatsächlich lokal (also am System und am Apparat) beobachtet werden kann, folgt aus der sogenannten reduzierten Dichtematrix (vgl. Anhang). Nimmt man an, daß die Umgebungszustände zu verschiede-nen n ungefähr orthogonal sind (was realistisch ist), so ergibt sich für diese Dichtematrix aus (5.8) der Ausdruck

$$\rho \approx |\alpha|^2|\uparrow\rangle\langle\uparrow| \otimes |\phi_\uparrow\rangle\langle\phi_\uparrow| + |\beta|^2|\downarrow\rangle\langle\downarrow| \otimes |\phi_\downarrow\rangle\langle\phi_\downarrow|. \qquad (5.9)$$

Das entspricht aber gerade einer Dichtematrix, wie sie auch bei einem klassischen sta-tistischen Ensemble von Spin oben und Spin unten vorliegt. Die Information über mög-liche Interferenzen, die in den Nichtdiagonalelementen der Dichtematrix zum Ausdruck kommt, ist abgewandert in Korrelationen zwischen dem Apparat und den unzugänglichen Freiheitsgraden der Umgebung: „Die Interferenzen existieren, sie sind aber nicht *da*."[29] Die eben am Beispiel einer Spinmessung durchgeführte Diskussion gilt natürlich ganz allgemein für die Wechselwirkung System–Apparat–Umgebung.

Quantitative Rechnungen zur Dekohärenz in realistischen Situationen wurden zum ers-tenmal 1985 von Erich Joos und Zeh durchgeführt (Joos und Zeh 1985). Ein Teil dieser Anwendungen betrifft den wichtigen Fall der Lokalisierung von Objekten. Wegen des Su-perpositionsprinzips sollte man ja nicht erwarten, daß sich Objekte in dem speziellen Fall des lokalisierten Zustands im Raum befinden; der allgemeine Fall in der Quantentheo-rie ist der einer Überlagerung von lokalisierten Zuständen, also ausgedehnten Zuständen.

---

[29] Joos und Zeh 1985.

Joos und Zeh haben gezeigt, daß makroskopische Objekte bereits durch eine sehr schwache Kopplung an Freiheitsgrade der Umgebung dekohärieren, also lokalisiert werden. So wird etwa ein Staubteilchen, das man im intergalaktischen Raum in eine Superposition über mehrere Orte bringt, bereits ab einem Radius von etwa 10^{-3} cm stark genug mit der überall vorhandenen Kosmischen Hintergrundstrahlung von ungefähr drei Kelvin wechselwirken, um es klassisch (lokalisiert) erscheinen zu lassen. Dabei wird das Teilchen nicht etwa durch einen Stoß in seiner Bahn gestört; es ist vielmehr die Umgebung, die verändert wird. Die Wechselwirkung erzeugt nur eine Verschränkung mit der Hintergrundstrahlung; diese Verschränkung führt zur Dekohärenz. Verschränkung ist also nicht nur verantwortlich für die reinen Quanteneigenschaften eines Systems, sondern auch für die Entstehung klassischen Verhaltens.

Klassische Eigenschaften wohnen also einem Objekt nicht per se inne. Es hängt von den Einzelheiten der Wechselwirkung an die Umgebung ab, ob und in welchem Maße ein Objekt klassisch erscheint oder nicht. Diese Details folgen aus quantitativen Rechnungen. Da die Dekohärenz im allgemeinen sehr schnell abläuft, entsteht der Eindruck einer spontanen Lokalisierung oder eines „Quantensprungs". Man spricht deshalb von einem *scheinbaren Kollaps*, im Unterschied zu einem (bisher nicht beobachteten) dynamischen Kollaps, der die Schrödinger-Gleichung verletzt. Sämtliche bisher beobachteten Phänomene einschließlich aller Meßvorgänge lassen sich (zumindest im Prinzip) konsistent durch die Schrödinger-Gleichung für das Gesamtsystem und Einschränkung auf die relevanten Teilsysteme beschreiben. Ein dynamischer Kollaps wird also bisher für kein Experiment benötigt.

Experimente zur Dekohärenz gibt es seit 1996. Dabei haben sich alle theoretischen Vorhersagen bewährt. Exemplarisch hervorgehoben seien die Wiener Experimente, bei denen das allmähliche Verschwinden von Interferenzmustern durch die kontrollierte Wechselwirkung mit einer Umgebung beobachtet wird. Die Interferenzen entstehen beispielsweise durch ein Fullerenmolekül, das durch ein Talbot-Lau-Interferometer geschickt wird und dabei mit sich selbst interferiert. Die Einführung eines Gases als streuende Umgebung (Hackermüller et al. 2003) oder die Erhitzung zur Aussendung von Photonen (Hackermüller et al. 2004) bringen das Interferenzmuster zum Verschwinden, ganz im Sinne der Vorhersagen in Joos und Zeh (1985) und anderen Arbeiten.[30]

Die Nobelvorträge von Serge Haroche und David Wineland geben einen eindrucksvollen Bericht von den Experimenten zur Verschränkung und insbesondere zur Dekohärenz (Haroche 2014, Wineland 2014). Die theoretischen Überlegungen zum klassischen Grenzfall haben ihren Einzug in den quantenmechanischen Alltag gehalten.

Das Phänomen der Dekohärenz spielt auch eine Rolle bei der Diskussion, inwieweit quantenmechanische Superpositionen für das Verständnis des menschlichen Bewußtseins relevant sind. Diese Möglichkeit war unter anderem von Roger Penrose Ende der achtziger Jahre aufgeworfen worden. Durch detaillierte Rechnungen konnte Max Tegmark zeigen, daß solche Superpositionen im Gehirn – selbst wenn sie vorhanden wären – aufgrund der

---

[30] Eine eingehende Diskussion der experimentellen Situation findet sich etwa in Schlosshauer (2007), Kap. 6.

Dekohärenz zu schnell verschwinden, um für das Bewußtsein eine Rolle zu spielen (Tegmark 2000).[31] Dieses Beispiel zeigt, wie weit die Anwendungen der Dekohärenz greifen, Anwendungen, die auf dem bestehenden quantenmechanischen Formalismus beruhen.

Die Bedeutung der Dekohärenz liegt darin, daß sie die Gültigkeit klassischer Begriffe erklären kann; gleichzeitig kann sie den Geltungsbereich dieser Begriffe benennen. Objekte *erscheinen* dann klassisch, auch wenn sie fundamental durch die Quantentheorie beschrieben werden. Die historisch so wichtige „Komplementarität" zwischen Wellen und Teilchen folgt auf natürliche Weise durch die Anwendung der Quantenmechanik auf realistische Situationen und den Prozeß der Dekohärenz. Der fundamentale Zustandsbegriff ist der einer Wellenfunktion auf einem (im allgemeinen) hochdimensionalen Konfigurationsraum, woraus sich Teilchen- oder Welleneigenschaften im gewöhnlichen dreidimensionalen Erfahrungsraum ergeben, den jeweiligen Umständen entsprechend.

Das Phänomen der Dekohärenz löst auch ein mögliches Konsistenzproblem der Everett-Interpretation (siehe Abschn. 5.3): In bezug auf welche Variablen werden die verschiedenen Zweige der Wellenfunktion voneinander unabhängig? Die natürliche Wechselwirkung mit der Umgebung zeichnet eine bestimmte Basis von Variablen aus (zum Beispiel die Ortsbasis bei dem oben erwähnten Fall der Lokalisierung von Objekten). Diese definieren dann die robusten, quasi-klassischen Zweige der Wellenfunktion. In der Bohmschen Theorie sind es gerade die dekohärierten Zweige, die bei der Entstehung klassischer Eigenschaften das „Teilchen" tragen, im Unterschied zu den davon unabhängigen leeren Wellenpaketen.

Die Wahrscheinlichkeitsinterpretation der üblichen Quantenmechanik (die Bornsche Regel) läßt sich nun unter gewissen Zusatzannahmen im Rahmen der Everett-Interpretation verstehen. Viele Ableitungen, insbesondere solche, die mit dem Begriff der Dichtematrix operieren, sind zirkulär, da sie das Gewünschte bereits in den Ansatz stecken, vgl. etwa Wallace (2012), Teil II. Einige Ableitungen, wozu insbesondere Zurek (2005) gehört, arbeiten ausschließlich mit den verschränkten Zuständen des Gesamtsystems und versuchen, die Wahrscheinlichkeiten der Zweige über deren Anzahl in der gesamten Wellenfunktion abzuleiten. Ob dies tatsächlich eine Ableitung der Wahrscheinlichkeitsinterpretation darstellt oder lediglich eine Konsistenzbetrachtung ist umstritten. Jedenfalls lehren diese Untersuchungen, daß sich die Everettschen Zweige der Wellenfunktion zumindest als „heuristische Fiktion" im Sinne von Zeh (2012), Kap. 3 und Kap. 5, konsistent und realistisch interpretieren lassen.[32]

Die Wahrscheinlichkeitsinterpretation läßt sich anwenden, sobald Dekohärenz vorliegt. Dann sind die Interferenzen zwischen Zuständen, die unterschiedlichen „Meßresultaten" entsprechen, nicht mehr beobachtbar. Es ist dies auch der Zeitpunkt, ab dem der „Heisenbergsche Schnitt" (siehe Abschn. 4.4) angewandt werden darf. Der dynamische Prozeß

---

[31] Die nichtklassische Superposition bestände zum Beispiel aus einer Überlagerung zweier Zustände, von denen der eine einem feuernden, der andere aus einem nichtfeuernden Neuron besteht. Die Zeitskala des Neuronenfeuerns liegt im Bereich von Millisekunden, während die Dekohärenz auf der viel kleineren Zeitskala bis herab zu 10^{-20} Sekunden agiert.

[32] Zu „heuristisch" siehe Fußnote 4 in Kap. 1.

der Dekohärenz rechtfertigt somit die phänomenologischen Ansätze zur Interpretation der Theorie. Ohne Dekohärenz ist die Wahrscheinlichkeitsinterpretation sinnlos.

In der nachfolgenden (leicht veränderten) Tabelle aus Joos (2002), S. 194, sind die wichtigsten Eigenschaften der Everett-Interpretation noch einmal den entsprechenden Eigenschaften von Kollapsmodellen gegenübergestellt.

Kollapsmodelle	Everett
Wie und wann findet ein Kollaps statt?	Was ist die genaue Struktur der Everett-Zweige?
Traditioneller psychophysischer Parallelismus: Wahrnehmung ist parallel zum *Zustand* des Beobachters	Neue Form des psychophysischen Parallelismus: Wahrnehmung ist parallel zu einer *Komponente* der universellen Wellenfunktion
Wahrscheinlichkeiten postuliert	Wahrscheinlichkeiten eventuell ableitbar (umstritten)
Eventuell Probleme mit Relativitätstheorie	Keine Probleme bei lokalen Wechselwirkungen
Experimenteller Test: Suche kollapsartige Abweichungen von der Schrödinger-Gleichung ⇓ scheint unmöglich wegen Dekohärenz	Experimenteller Test: Suche nach makroskopischen Superpositionen ⇓ scheint unmöglich wegen Dekohärenz

Die Everett-Interpretation (die den unveränderten linearen Formalismus der Quantentheorie benutzt) und Kollapsmodelle (welche die Schrödinger-Gleichung explizit abändern) sind im Prinzip experimentell voneinander unterscheidbar. Bei makroskopischen Superposition scheint dies wegen der Dekohärenz ausgeschlossen zu sein, doch ist es möglich und denkbar, die Vorhersagen *konkreter* Kollapstheorien im mesoskopischen Bereich zu testen (Bassi et al. 2013).

Ein häufiger Einwand gegen die Everett-Interpretation besteht in dem Hinweis darauf, daß wir die anderen makroskopischen Komponenten der Wellenfunktion ja nicht wahrnähmen und diese deshalb auch nicht existieren. Doch wie sähe die Welt aus, wenn die Everett-Interpretation korrekt wäre? Wegen der Dekohärenz würde sie genau so aussehen, wie wir sie wahrnehmen. Das erinnert an den jahrhundertealten Streit zwischen ptolemäischem und kopernikanischem Weltbild. Diesen Vergleich bringt bereits Everett selbst in einer *Note added in proof* (Everett 1957, S. 460):

Arguments that the world picture presented by this theory is contradicted by experience, because we are unaware of any branching process, are like the criticism of the Copernican theory that the mobility of the earth as a real physical fact is incompatible with the common sense interpretation of nature because we feel no such motion. In both cases the argument fails when it is shown that the theory itself predicts that our experience will be what it in fact is. (In the Copernican case the addition of Newtonian physics was required to be able to show that the earth's inhabitants would be unaware of any motion of the earth.)

Es bleibt der weiteren Entwicklung der Physik vorbehalten, hier eine endgültige Entscheidung zu treffen.

Relevanz für die Zukunft

6

Mittlerweile existiert eine Fülle von Experimenten, welche die Quantentheorie in allen ihren Facetten bestätigt. Die Verschränkung von verschiedenen Systemen als *der* grundlegende Zug der Theorie – und der von ihr abgebildeten Natur – hat sich empirisch bewahrheitet. Paradoxien ergeben sich nur, wenn man den Phänomenen klassische Bilder unterlegt. Klassische Eigenschaften erweisen sich aber nur als Näherungen und ergeben sich selbst aus Eigenschaften der Verschränkung – der Verschränkung der betrachteten Systemfreiheitsgrade mit den irrelevanten Freiheitsgraden der an das System koppelnden natürlichen Umgebung; das ist der im letzten Kapitel diskutierte Vorgang der Dekohärenz.

Verschränkte Quantensysteme werden in der Zukunft weiterhin eine wichtige Rolle spielen, in Grundlagendiskussionen wie in praktischen Anwendungen. Es ist hier nicht der Ort für eine ausführliche Diskussion dieser Entwicklungen; eine kurze Übersicht sei aber geboten.

- Die Technologie zur Erzeugung und Bearbeitung verschränkter Systeme schreitet mit atemberaubender Geschwindigkeit voran. Im Zusammenhang mit dem Test der (Verletzung der) Bellschen Ungleichungen haben wir bereits die Drei-Photonen-Verschränkung erwähnt, die in Erven et al. (2014) beschrieben wird. Andere Beispiele betreffen etwa die Verschränkung von 10^5 Photonen (Iskhakov et al. 2012) oder die Verschränkung von Diamanten (Lee et al. 2011). Bei letzterer geht es um die Erzeugung von verschränkten Schwingungszuständen zweier millimetergroßer Diamanten bei Zimmertemperatur, die 15 cm voneinander entfernt sind; allerdings setzt bereits nach 7 ps Dekohärenz ein. Palomaki et al. (2013) beschreiben die Erzeugung und den Nachweis der Verschränkung eines mesoskopischen mechanischen Oszillators mit einem elektromagnetischen Mikrowellenfeld.[1] Interferenzexperimente mit großen organischen Molekülen werden in Gerlich et al. (2011) vorgestellt. Diese Arbeiten stehen exemplarisch für eine Vielzahl von Veröffentlichungen zur experimentellen Realisierung verschränkter Zustände.

---

[1] Diese Arbeit ist eine von vielen modernen Arbeiten, deren erstes Zitat die EPR-Arbeit ist.

© Springer-Verlag Berlin Heidelberg 2015
C. Kiefer (Hrsg.), *Albert Einstein, Boris Podolsky, Nathan Rosen*,
Klassische Texte der Wissenschaft, DOI 10.1007/978-3-642-41999-7_6

- Verschränkungen spielen auch eine wichtige Rolle in dem relativ neuen Gebiet der *Quanteninformation*. Dem starken Interesse an diesem Gebiet ist es wohl zu verdanken, daß Grundlagenfragen der Quantenmechanik wieder größere Beachtung finden. Es geht in der Quanteninformation unter anderem darum, einen sogenannten Quantencomputer zu entwickeln; dieser könnte Verschränkungen nutzen, indem er Rechnungen parallel in allen Komponenten einer Superposition durchführt (aber nicht in vielen makroskopischen Welten). Damit ließe sich zum Beispiel das Problem der Faktorisierung großer Zahlen lösen. Wegen der Dekohärenz ist der Bau eines Quantencomputers freilich schwierig. Es ist deshalb offen, wann und ob ein Quantencomputer jemals einsatzbereit sein wird.

  Andere Fragestellungen der Quanteninformation befassen sich mit Quantenteleportation und Quantenkryptographie. In diesem Zusammenhang hat man verschränkte Zustände („EPR-Korrelationen") über Entfernungen von über hundert Kilometer erzeugt. Situationen wie in der EPR-Arbeit gehören mittlerweile zum (physikalischen) Alltag. Die Literatur zu dem sich stürmisch entwickelnden Gebiet der Quanteninformation ist kaum noch zu überschauen. Nielsen und Chuang (2000) geben eine umfassende Darstellung; ferner seien Bruß (2003) sowie diverse Artikel in Audretsch (2002) empfohlen.

- Wir hatten in Abschn. 5.4 erwähnt, daß nichtklassische Quantenzustände wegen der Dekohärenz keine Rolle bei der Entstehung des Bewußtseins spielen. Dennoch wird die Bedeutung von Quanteneffekten in der Biologie diskutiert, siehe etwa Huelga und Plenio (2013) und O' Reilly und Olaya-Castro (2014). Es geht dabei zum Beispiel um Quanteneffekte bei der Photosynthese und der Empfindlichkeit von Vögeln für Magnetfelder. Man spricht hier bereits von dem neuen Gebiet der Quantenbiologie, ein Begriff, der allerdings schon von Pascual Jordan in den vierziger Jahren geprägt wurde. Wichtig ist in jedem Fall zu berücksichtigen, daß biologische Systeme *offene* Systeme sind, da sie stark an ihre Umgebung koppeln. Es bleibt abzuwarten, in welche Richtung sich dieses Gebiet entwickeln wird und welche grundlegenden Einsichten sich ergeben werden.

- In der Elementarteilchenphysik spielen Verschränkungen in der Regel keine Rolle. Ausnahmen sind die quantenmechanischen Oszillationen von Neutrinos und neutralen Mesonen. Diese Phänomene werden beispielsweise dazu benutzt, um Effekte, die von Kollapsmodellen vorhergesagt werden, von Dekohärenzeffekten zu unterscheiden (Bahrami et al. 2013).

- EPR-Korrelationen spielen auch in der Quantenfeldtheorie und in der Kosmologie eine interessante Rolle. Bereits in der flachen Raumzeit (also bei Abwesenheit von Gravitation) ergeben sich wichtige Effekte, wenn man einen gleichförmig beschleunigten Beobachter betrachtet (Wald 1986). Ein solcher Beobachter nimmt den normalen Vakuumzustand als gefüllt mit thermisch verteilten Teilchen wahr. Wie kann das sein? Der Vakuumzustand ist ein nichtlokaler globaler Zustand. Für einen beschleunigten Beobachter ist allerdings nicht der ganze Raum zugänglich; es gibt Horizonte, die einen Teil der Raumzeit verbergen. Der Beobachter kann die Korrelationen des Vakuumzustands hinter den Horizont nicht wahrnehmen und muß deshalb mit einer reduzierten Dichtematrix vorliebnehmen, die den von ihm überschaubaren Teil der Raumzeit beschreibt. Diese Dichtematrix, so stellt sich heraus, beschreibt eine thermische Verteilung von Teilchen. Man nennt diesen Effekt auch Unruh-Effekt.

Ähnliche Effekte gibt es bei Schwarzen Löchern und in der Kosmologie, siehe zum Beispiel Martín-Martínez und Menicucci (2014) für eine Übersicht. In der Kosmologie sind EPR-Korrelationen insbesondere für das Verständnis von primordialen Quantenfluktuationen in einer frühen (sogenannten inflationären) Phase des Universums von Belang. Diese Quantenfluktuationen bilden die Keime der Strukturentstehung im Universum, nachdem die Dekohärenz eingesetzt hat (Kiefer et al. 1998). In all diesen Fällen sind die EPR-Zustände sogenannte zwei-Moden-gequetschte Zustände, wie man sie in der Quantenoptik im Labor studiert. Auch die Hawking-Strahlung Schwarzer Löcher läßt sich mit solchen Zuständen verstehen.

- Bisher deutet alles auf die universelle Gültigkeit der Quantentheorie hin. Das Superpositionsprinzip hat sich bestens bewährt, und die Suche nach seinen Grenzen hat zumindest bisher keinen Erfolg gezeitigt, siehe hierzu etwa Arndt und Hornberger (2014). Da Quantensysteme extrem empfindlich auf ihre Umgebung reagieren und diese wiederum auf ihre Umgebung, sollte man aus Konsistenzgründen auch das Universum als Ganzes – als das einzige streng abgeschlossene System – im Rahmen der Quantentheorie beschreiben. Das führt auf das Gebiet der Quantenkosmologie und den Begriff der Wellenfunktion des Universums (Kiefer 2009). Da auf kosmischen Skalen die Gravitation die dominierende Wechselwirkung ist, bringt uns dies auf das noch ungelöste Problem der Quantengravitation (siehe z. B. Kiefer 2009, 2012). Die Übertragung des Superpositionsprinzips auf das Gravitationsfeld hat schon Richard Feynman an einem einfachen Gedankenexperiment vorgeführt (Zeh 2011). Verschränkte Zustände im Sinne von Einstein, Podolsky und Rosen spielen auch und gerade in der Quantenkosmologie eine zentrale Rolle.

Wie kaum eine zweite Arbeit hat der EPR-Artikel die Diskussion um die Interpretation der Quantentheorie am Leben gehalten. Sie dauert auch heute noch an, wie man aus Schlosshauer et al. (2013), Leifer (2014) und vielen anderen Arbeiten entnehmen kann. Exemplarisch sei hier aus einem Interview im Zusammenhang mit Weinbergs Lehrbuch zur Quantenmechanik (Weinberg 2012) zitiert. Zur Frage nach der Interpretation der Theorie antwortet er[2]

Some very good theorists seem to be happy with an interpretation of quantum mechanics in which the wavefunction only serves to allow us to calculate the results of measurements. But the measuring apparatus and the physicist are presumably also governed by quantum mechanics, so ultimately we need interpretive postulates that do not distinguish apparatus or physicists from the rest of the world, and from which the usual postulates like the Born rule can be deduced. This effort seems to lead to something like a „many worlds" interpretation, which I find repellent. Alternatively, one can try to modify quantum mechanics so that

---

[2] Siehe *Physics Today online*, Juli 2013.

the wavefunction does describe reality, and collapses stochastically and nonlinearly, but this seems to open up the possibility of instantaneous communication. I work on the interpretation of quantum mechanics from time to time, but have gotten nowhere.

Hierin drückt sich das Dilemma vieler Physiker aus. Der quantenmechanische Formalismus ist bisher mit allen Experimenten und Beobachtungen verträglich. Insbesondere reicht der von der Dekohärenz herrührende scheinbare Kollaps für die Interpretation aller Experimente aus. Ändert man nichts an dem Formalismus, findet man sich in der Vielwelteninterpretation wieder, die Weinberg abstoßend findet. Will man diese vermeiden, muß man den Formalismus abändern, was in der Regel durch Kollapsmodelle versucht wird, die freilich ihre eigenen Probleme aufweisen.

Das in der EPR-Arbeit entscheidende Lokalitätskriterium hat sich als falsch herausgestellt, da es nicht nur in Widerspruch zu dem bewährten Formalismus der Quantentheorie steht, sondern auch zu Experimenten, die ganz allgemein auf diesem Kriterium fußen. Es sind dies die mittlerweile zahlreichen Experimente, welche die Verletzung der Bellschen Ungleichungen belegen.

Kann man die quantenmechanische Beschreibung der physikalischen Wirklichkeit also als vollständig betrachten? Die Antwort auf diese EPR-Frage lautet eindeutig *ja*. Das bedeutet freilich noch nicht, daß die Quantentheorie tatsächlich vollständig ist; es bedeutet nur, daß man sie nach dem derzeitigen Stand des Wissens als vollständig betrachten *kann*.

Die Arbeit von Einstein, Podolsky und Rosen ist auch im 21. Jahrhundert von großer Aktualität. Nicht zuletzt drückt sich darin ein Unbehagen gegenüber einer Struktur der Natur aus, die weit entfernt liegt von allen klassischen Vorstellungen, und deren Konsequenzen bei weitem nicht erfaßt sind. Viele Fragen konnten inzwischen geklärt werden, nicht zuletzt aufgrund des atemberaubenden experimentellen Fortschritts. Ob sich dieses Unbehagen und der Streit um die Interpretation der Quantentheorie jemals legen werden, ist freilich offen. Geben wir Albert Einstein das letzte Wort (Einstein 1984, S. 121):

> Die Richtung des Strebens steht jedem frei, und jeder darf Trost schöpfen aus Lessings schöner Bemerkung, nach welcher das Streben nach der Wahrheit köstlicher ist als deren gesicherter Besitz.

Anhang: Der Formalismus der Quantentheorie

Hier soll der Formalismus der nichtrelativistischen Quantentheorie kurz zusammengefaßt werden. Ich folge dabei im wesentlichen dem Kapitel „Mathematischer Formalismus" aus meinem Buch zur Quantentheorie (Kiefer 2002).[1]

Das physikalische Kernstück der Quantentheorie ist das Superpositionsprinzip. Wenn ψ_1 und ψ_2 physikalische Zustände sind, dann auch $\alpha\,\psi_1 + \beta\,\psi_2$ mit beliebigen komplexen Zahlen α und β. Aus diesem Grund fordert man, daß der Zustandsraum linear ist.

Darüber hinaus verlangt man die Existenz eines inneren Produktes (eines Skalarproduktes), um die Wahrscheinlichkeitsinterpretation in den Formalismus zu implementieren („Bornsche Regel"). Das führt auf den Begriff des Hilbert-Raumes (die Eigenschaft der Vollständigkeit, welche ein Hilbert-Raum noch erfüllt, dient der mathematischen Bequemlichkeit). Quantenmechanische Zustände sind also Elemente (Zustandsvektoren) eines Hilbert-Raumes. Paul Dirac hat hierfür eine Notation entwickelt, die weit verbreitet ist (Dirac 1958). Ein Vektor im Hilbert-Raum wird dort als $|\psi\rangle$ geschrieben und auch als *Ket* bezeichnet. Mathematisch kann man darüber hinaus einen sogenannten Kovektor oder *Bra* einführen, geschrieben $\langle\psi|$, der in dem Dualraum über dem Hilbert-Raum definiert ist.[2]

Das Skalarprodukt zwischen zwei Zuständen Ψ und Φ bezeichnet man dann mit $\langle\Psi|\Phi\rangle = \langle\Phi|\Psi\rangle^*$, wobei $*$ das Komplex-Konjugierte bedeutet.[3] Die Wahrscheinlichkeit, in einem System, das sich im Zustand Ψ befindet, bei einer Messung den Zustand ψ_n zu finden, lautet dann: $p_n = |\langle\psi_n|\Psi\rangle|^2$. Der benutzte Hilbert-Raum besitzt meistens unendlich viele Dimensionen. So beschreibt man etwa N Teilchen durch Wellenfunktionen $\psi(\mathbf{x}_1,\dots,\mathbf{x}_N)$, die quadratintegrierbar sind, also der Bedingung

$$\int_{-\infty}^{\infty} \mathrm{d}^3 x_1 \cdot \dots \cdot \mathrm{d}^3 x_N \ |\psi(\mathbf{x}_1,\dots,\mathbf{x}_N)|^2 < \infty \tag{A.1}$$

---

[1] Für Details sei auf Lehrbücher und Monographien der Quantenmechanik verwiesen sowie zum Beispiel auf Auletta (2001), Busch et al. (1991), d'Espagnat (1995) oder Peres (1995), wo sich auch detaillierte und fundierte Diskussionen der begrifflichen Fragen finden.

[2] In der linearen Algebra entspricht der *Ket* einem Spalten-, der *Bra* einem Zeilenvektor.

[3] Das erklärt auch die Diracsche Bezeichnungsweise, da *Bra* und *Ket* zusammen ein *Bra(c)ket*, eine Klammer, ergeben.

© Springer-Verlag Berlin Heidelberg 2015
C. Kiefer (Hrsg.), *Albert Einstein, Boris Podolsky, Nathan Rosen*,
Klassische Texte der Wissenschaft, DOI 10.1007/978-3-642-41999-7

genügen. Das Integral darf nicht unendlich sein, da es die Wahrscheinlichkeit angibt, die „Teilchen" irgendwo im Raum zu finden. Üblicherweise wird es auf den Wert eins normiert. Die Bedingung (A.1) ist eine starke Einschränkung an die physikalisch erlaubten Zustände. Insbesondere führt sie auf die für die Quantentheorie so typischen diskreten Energiewerte. Endlichdimensionale Hilbert-Räume spielen vor allem für die Beschreibung des Spins eine Rolle. So ist etwa der Hilbert-Raum für Spin-1/2 zweidimensional, entsprechend den zwei Einstellmöglichkeiten des Spins in bezug auf eine vorgegebene Richtung.

Wie beschreibt man die quantenmechanischen Analogien der aus der klassischen Physik bekannten Größen wie Ort, Impuls oder Energie? Diese sogenannten „Observablen" gibt man mathematisch durch selbstadjungierte Operatoren im Hilbert-Raum wieder. Mögliche Meßergebnisse sollen den Eigenwerten dieser Operatoren entsprechen. Ein Operator ordnet jedem Zustand Ψ aus seinem Definitionsbereich D_Ψ im Hilbert-Raum eindeutig einen anderen Zustand aus dem Hilbert-Raum zu. Dabei sind sowohl Abbildungsvorschrift als auch Definitionsbereich wichtig. In der Quantentheorie sind nur lineare Operatoren von Bedeutung. Bezeichnet $\hat{A}$ den Operator, so ist $\Psi' = \hat{A}\Psi$ der neue Zustand. Der zu dem Operator $\hat{A}$ gehörende adjungierte Operator $\hat{A}^\dagger$ ist über das Skalarprodukt wie folgt definiert:

$$\langle \Psi | \hat{A}^\dagger \Phi \rangle = \langle \hat{A} \Psi | \Phi \rangle \tag{A.2}$$

gilt für beliebige Zustände Ψ und Φ. Für selbstadjungierte Operatoren ist $\hat{A} = \hat{A}^\dagger$, was die Gleichheit der Definitionsbereiche einschließt. Es gilt der zentrale *Spektralsatz*: Die Menge aller Eigenvektoren eines selbstadjungierten Operators bildet eine Orthonormalbasis für den Hilbert-Raum. Man kann also alle Zustände nach dieser Basis entwickeln. Da man einen selbstadjungierten Operator in bezug auf eine solche Basis auch durch eine (im allgemeinen unendlichdimensionale) Matrix beschreiben kann, sprach man historisch von „Matrizenmechanik". Selbstadjungierte Operatoren besitzen immer reelle Eigenwerte, so daß man wie gewünscht die möglichen Meßergebnisse durch reelle Zahlen beschreiben kann. Führt man viele Messungen in einem gegebenen Zustand Ψ durch, so ist der sogenannte Erwartungswert (Mittelwert) durch den Ausdruck $\langle \Psi | \hat{A} \Psi \rangle$ (abgekürzt: $\langle \hat{A} \rangle$) gegeben. Da die Meßergebnisse im allgemeinen um diesen Erwartungswert herum streuen, definiert man als Maß hierfür die Schwankung $\Delta \hat{A}$ durch den Ausdruck

$$\left(\Delta \hat{A} \right)^2 = \langle \hat{A}^2 \rangle - \langle \hat{A} \rangle^2 \, . \tag{A.3}$$

Es ist klar, daß diese Begriffe aus der Theorie der Statistik entnommen sind und wegen der Wahrscheinlichkeitsinterpretation der Quantentheorie hier ihren Platz finden. Für selbstadjungierte Operatoren $\hat{A}$ und $\hat{B}$ gilt in einem beliebigen Zustand Ψ die Relation

$$\Delta \hat{A} \cdot \Delta \hat{B} \geq \frac{1}{2} |\langle \Psi | \left[\hat{A}, \hat{B} \right] \Psi \rangle | \, , \tag{A.4}$$

wobei $[\hat{A}, \hat{B}] = \hat{A}\hat{B} - \hat{B}\hat{A}$ der sogenannte Kommutator ist. Man bezeichnet (A.4) als allgemeine Unbestimmtheitsrelation. Für den Ortsoperator $\hat{x}$ und den Impulsoperator $\hat{p}$ in einer Raumdimension gilt für deren Kommutator die Beziehung

$$[\hat{x}, \hat{p}] = i\hbar .\tag{A.5}$$

Mit (A.4) folgt hieraus die Unbestimmtheitsrelation für Ort und Impuls gemäß (1.5).

Eine wichtige Klasse von selbstadjungierten Operatoren sind die Projektionsoperatoren $\hat{P}$. Sie projizieren Zustände im Hilbert-Raum auf lineare Teilräume und erfüllen die Beziehung $\hat{P}^2 = \hat{P}$. Ihre Eigenwerte sind 0 (für Vektoren, auf die $\hat{P}$ projiziert) und 1 (für die zum Teilraum orthogonalen Vektoren). Die spektrale Zerlegung eines selbstadjungierten Operators $\hat{A}$ lautet dann

$$\hat{A} = \sum_n a_n \hat{P}_n,\tag{A.6}$$

wobei a_n die Eigenwerte von $\hat{A}$ sind. (Es sei hier der einfachere Fall ohne Entartung angenommen.) Wahrscheinlichkeiten lassen sich als Erwartungswerte von Projektionsoperatoren schreiben; so gilt etwa für die oben erwähnte Wahrscheinlichkeit p_n die Beziehung

$$p_n = |\langle \psi_n | \Psi \rangle|^2 = \langle \Psi | \hat{P}_n \Psi \rangle ,\tag{A.7}$$

wobei $\hat{P}_n$ auf den Zustand ψ_n projiziert.[4]

Man kann Zustände statt im Ortsraum auch bezüglich einer anderen Basis darstellen; man spricht dann beispielsweise von der Impulsdarstellung oder der Energiedarstellung. Die Impulsdarstellung ergibt sich dabei aus der Ortsdarstellung durch eine Fourier-Transformation.

Zustände entwickeln sich in der Zeit aufgrund der Schrödinger-Gleichung. Sie lautet[5]

$$i\hbar \frac{\partial \Psi}{\partial t} = \hat{H}\Psi .\tag{A.8}$$

Hierin ist $\hat{H}$ der sogenannte Hamilton-Operator. Er beschreibt die Observable „Energie" in der Quantentheorie und ist natürlich selbstadjungiert. Die lineare Struktur der Schrödinger-Gleichung ist Ausdruck der dynamischen Version des Superpositionsprinzips: Mit zwei Lösungen dieser Gleichung ist auch deren Summe wieder eine Lösung. Die Gesamtwahrscheinlichkeit (A.1) bleibt unter der durch die Schrödinger-Gleichung beschriebene Zeitentwicklung erhalten (das ist auch der Grund für das Auftauchen der imaginären Einheit i auf der linken Seite von (A.8)).

---

[4] Eine Verallgemeinerung dieses Formalismus benutzt statt Projektionsoperatoren allgemeinere Operatoren, für die aber noch immer (A.7) gilt. Die zugehörigen sogenannten *positive operator valued measures* (POVMs) erlauben die Diskussion von ungenauen Messungen und von gemeinsamen Messungen mehrerer Größen, siehe zum Beispiel Wallace (2012), S. 17ff.

[5] Siehe (1.4) im Hauptteil.

Spezielle Lösungen der Schrödinger-Gleichung, die von der Form

$$\Psi(x,t) = \psi(x)e^{-iEt/\hbar} \tag{A.9}$$

sind, bezeichnet man als stationäre Zustände. Aus (A.8) folgt für $\psi(x)$ die zeitunabhängige Schrödinger-Gleichung

$$\hat{H}\psi(x) = E\psi(x)\,. \tag{A.10}$$

Hierbei ist E die Energie. Die in Kap. 3 erwähnten Atomspektren werden aufgrund dieser Gleichung berechnet. Die Existenz diskreter Energiewerte E_n ist dabei wie schon erwähnt eine Konsequenz der Normierbarkeitsforderung (A.1).

Neben selbstadjungierten Operatoren sind in der Quantentheorie unitäre Operatoren von besonderer Bedeutung, die dadurch definiert sind, daß sie Skalarprodukte, also insbesondere Wahrscheinlichkeiten, invariant lassen. Ihre Wichtigkeit folgt aus der Tatsache, daß sie im allgemeinen mit Symmetrien des physikalischen Systems (Invarianz unter Drehungen, Verschiebungen etc.) verknüpft sind. Mathematischer Ausdruck hiervon ist ein Theorem von Wigner, das im wesentlichen besagt, daß für eine Abbildung zwischen Zuständen, welche Skalarprodukte invariant läßt, ein unitärer (oder anti-unitärer) Operator existiert, der diese Abbildung vermittelt. Es gibt einen wichtigen Zusammenhang zwischen selbstadjungierten und unitären Operatoren: Ist $\hat{A}$ selbstadjungiert, so ist $\exp(i\hat{A})$ unitär. Aus diesem Grund folgt die zeitliche Erhaltung der Wahrscheinlichkeit: Da der Hamilton-Operator $\hat{H}$ selbstadjungiert ist, ist der Zeitentwicklungsoperator $\exp(-i\hat{H}t/\hbar)$ für die Zustände unitär.

Der für die EPR-Diskussion so zentrale Begriff der Verschränkung (englisch *entanglement*) läßt sich dann wie folgt definieren (siehe zum Beispiel Bruß 2002). Sei S ein Quantensystem, beschrieben durch einen Zustandsvektor $|\psi\rangle$, das aus zwei Subsystemen S_1 und S_2 bestehe (im Englischen auch als *bipartite quantum system* bezeichnet). Der Zustandsvektor $|\psi\rangle$ heißt dann bezüglich S_1 und S_2 *verschränkt*, wenn er sich nicht als Tensorprodukt von Zustandsvektoren $|\psi_1\rangle$ aus S_1 und $|\psi_2\rangle$ aus S_2 beschreiben läßt, also

$$|\psi\rangle \neq |\psi_1\rangle \otimes |\psi_2\rangle. \tag{A.11}$$

Die in der Diskussion der EPR-Arbeit benutzten Zustände (2.1) und (2.9) sind gerade von dieser Form; sie lassen sich nicht als Produkt von Zuständen schreiben, die sich jeweils auf Teilchen I und Teilchen II beziehen, sind also verschränkt.

Wegen der quantenmechanischen Verschränkung haben Subsysteme, die an andere Systeme gekoppelt sind, im allgemeinen keinen eigenen Zustand (keine eigene Wellenfunktion). Man beschreibt Subsysteme dann durch sogenannte Dichteoperatoren $\hat{\rho}$ (auch Dichtematrizen oder statistische Operatoren genannt). Diese entstehen aus dem Zustand für das Gesamtsystem durch Ausintegration („Ausspuren") aller Freiheitsgrade, die nicht zu dem Subsystem gehören. Sie dienen dazu, Wahrscheinlichkeiten und Erwartungswerte auszurechnen, die sich nur auf das Subsystem beziehen. Insbesondere spielen Dichteoperatoren eine große Rolle beim Studium der Dekohärenz (Abschn. 5.4). Wegen der

Verschränkung mit anderen Systemen („Umgebung") gehorcht $\hat{\rho}$ im allgemeinen keiner unitären Zeitentwicklung, da Information in Korrelationen mit der Umgebung abwandern oder aus ihr zuwandern kann. Für diese sogenannten *offenen Systeme* ist also nicht mehr die Schrödinger-Gleichung heranzuziehen, sondern eine (im allgemeinen sehr komplizierte) Gleichung für die Zeitentwicklung von ρ. So hat man für den einfachen Fall einer Streuung von Teilchen (Luftmolekülen, Photonen, ...) an einem massiven Objekt für dieses Objekt nicht mehr die Schrödinger-Gleichung, sondern die folgende als *Mastergleichung* bezeichnete Gleichung:

$$i\hbar \frac{\partial \hat{\rho}}{\partial t} = [\hat{H}, \hat{\rho}] - i\Lambda\hbar[\hat{x}, [\hat{x}, \hat{\rho}]].$$ (A.12)

Hierin bezeichnen $\hat{x}$ den Ortsoperator (Streuungen finden im Ortsraum, nicht im Impulsraum statt) und Λ die Lokalisierungsrate, deren Stärke dafür verantwortlich ist, wie sehr ein Quantenobjekt durch Wechselwirkung mit der Umgebung lokalisiert wird. Beispielsweise ist Λ dafür verantwortlich, daß die Dispersion des Wellenpakets, wie sie aufgrund der freien Schrödinger-Gleichung auftreten sollte, durch die Wechselwirkung mit der Umgebung unterdrückt wird.

Literatur

Arndt, M. und Hornberger, K. (2014). Testing the limits of quantum mechanical superpositions. *Nature Physics*, **10**, 271–277.

Aspect, A. (2004). Introduction: John Bell and the second quantum revolution. In: Bell (2004), S. xvii–xxxix.

Audretsch, J. (Hg.) (2002). *Verschränkte Welt. Faszination der Quanten*. Wiley-VCH, Weinheim.

Auletta, G. (2001). *Foundations and Interpretation of Quantum Mechanics*. World Scientific, Singapore.

Bacciagaluppi, G und Crull, E. (2009). Heisenberg (and Schrödinger, and Pauli) on hidden variables. *Studies in History and Philosophy of Modern Physics*, **40**, 374–382.

Bacciagaluppi, G. und Valentini, A. (2009). *Quantum Theory at the Crossroads. Reconsidering the 1927 Solvay Conference*. Cambridge University Press, Cambridge.

Bahrami, M. et al. (2013). Are collapse models testable with quantum oscillating systems? The case of neutrinos, kaons, chiral molecules. *Science Reports*, **3**, Artikelnummer 1952.

Barnett, S. M. und Phoenix, S. J. D. (1989). Entropy as a measure of quantum optical correlation. *Physical Review A*, **40**, 2404–2409.

Bassi, A., Lochan, K., Satin, S., Singh, T. P. und Ulbricht, H. (2013). Models of wave-function collapse, underlying theories, and experimental tests. *Reviews of Modern Physics*, **85**, 471–527.

Baumann, K. und Sexl, R. U. (1984). *Die Deutungen der Quantentheorie*. Vieweg, Braunschweig und Wiesbaden.

Bell, J. S. (1964). On the Einstein-Podolsky-Rosen paradox. *Physics*, **1**, 195–200. Abgedruckt in: Bell (2004), S. 14–21.

Bell, J. S. (1966). On the problem of hidden variables in quantum mechanics. *Review of Modern Physics*, **38**, 447–452. Abgedruckt in: Bell (2004), S. 1–13.

Bell, J. S. (1981). Bertlmann's socks and the nature of reality. *Journal de Physique*, Colloque C2, suppl. au numéro 3, Tome 42, 41–61. Abgedruckt in: Bell (2004), S. 139–158.

Bell, J. S. (1990). Against 'measurement'. *Physics World*, **3**, 33–40. Abgedruckt in: Bell (2004), S. 213–231.

Bell, J. S. (2004). *Speakable and Unspeakable in Quantum Mechanics*. Zweite Auflage. Cambridge University Press, Cambridge.

Beller, M. (1998). The Sokal hoax: At whom are we laughing?. *Physics Today*, September 1998, 29–34.

Beller, M. (1999). *Quantum Dialogue. The Making of a Revolution*. The University of Chicago Press, Chicago und London.

Beller, M. und Fine, A. (1994). Bohr's response to EPR. In: *Niels Bohr and Contemporary Philosophy*, hg. von J. Faye und H. J. Folse, S. 1–31. Kluwer, Dordrecht.

Bertlmann, R. A. und Zeilinger, A. (2002). *Quantum [Un]speakables*. Springer, Berlin.

Bethe, H. A. und Salpeter, E. E. (1957). Quantum Mechanics of One- and Two-Electron Systems. In: *Handbuch der Physik*, **XXXV**, 88–436.

Bohm, D. (1951). *Quantum Theory*. Prentice-Hall, Englewood Cliffs, N. J.

Bohm, D. (1952a). A Suggested Interpretation of the Quantum Theory in Terms of "Hidden" Variables. I. *Physical Review*, **85**, 166–179.

Bohm, D. (1952b). A Suggested Interpretation of the Quantum Theory in Terms of "Hidden" Variables. II. *Physical Review*, **85**, 180–193.

Bohm, D. (1953). Discussion of certain remarks by Einstein on Born's probability interpretation of the ψ-function. In: Born (1953), S. 13–19.

Bohm, D. und Aharonov, Y. (1957). Discussion of Experimental Proof for the Paradox of Einstein, Rosen, and Podolsky. *Physical Review*, **108**, 1070–1076.

Bohr, N. (1928). Das Quantenpostulat und die neuere Entwicklung der Atomistik. *Die Naturwissenschaften*, **16**, 245–257.

Bohr, N. (1935a). Quantum mechanics and physical reality. *Nature*, **136**, 65.

Bohr, N. (1935b). Can Quantum-Mechanical Description of Physical Reality Be Considered Complete?. *Physical Review*, **48**, 696–702. Deutsche Übersetzung in: Baumann und Sexl (1984), S. 87–97. Diese Übersetzung ist hier abgedruckt.

Bohr, N. (1949). Diskussion mit Einstein über erkenntnistheoretische Probleme in der Atomphysik. In: Schilpp (1983), S. 84–119.

Bokulich, A. (2010). Bohr's Correspondence Principle. In: *Stanford Encyclopedia of Philosophy*, online verfügbar unter http://plato.stanford.edu/entries/bohr-correspondence/ (zitiert Januar 2014).

Born, M. (1953). *Scientific Papers Presented to Max Born*. Oliver and Boyd, Edinburgh and London.

Brown, H. R. (1981). O debate Einstein-Bohr sobre a mecânica quântica. *Cadernos de História e Filosofia da Ciência*, **2**, 51–89.

Bruß, D. (2002). Characterizing entanglement. *Journal of Mathematical Physics*, **43**, 4237–4251.

Bruß, D. (2003). *Quanteninformation*. S. Fischer, Frankfurt am Main.

Bub, J. (2010). Von Neumann's 'No Hidden Variables' Proof: A Re-Appraisal. *Foundations of Physics*, **40**, 1333–1340.

Busch, P., Lahti, P. J. und Mittelstaedt, P. (1991). *The Quantum Theory of Measurement*. Springer, Berlin.

Busch, P., Lahti, P. und Werner, R. F. (2013). Proof of Heisenberg's Error-Disturbance Relation. *Physical Review Letters*, **111**, Artikelnummer 160405.

Byrne, P. (2010). *The Many Worlds of Hugh Everett III*. Oxford University Press, Oxford.

Camilleri, K. (2009). A history of entanglement: Decoherence and the interpretation problem. *Studies in History and Philosophy of Modern Physics*, **40**, 290–302.

Christensen, B. G. et al. (2013). Detection-Loophole-Free Test of Quantum Nonlocality, and Applications. *Physical Review Letters*, **111**, Artikelnummer 130406.

Clauser, J. F., Horne, M. A., Shimony, A. und Holt, R. A. (1969). Proposed experiment to test local hidden-variable theories. *Physical Review Letters*, **23**, 880–884.

Corrêa, R., França Santos, M., Monken, C. H. und Saldanha, P. L. (2014). 'Quantum Cheshire Cat' as Simple Quantum Interference. Online verfügbar unter arXiv:1409.0808.

D'Ambrosio, V. et al. (2013). Experimental Implementation of a Kochen-Specker Set of Quantum Tests. *Physical Review X*, **3**, Artikelnummer 011012.

de Broglie (1953a). L'interprétation de la mécanique ondulatoire à l'aide d'ondes à régions singulières. In: Born (1953), S. 21–28.

de Broglie (1953b). *Louis de Broglie und die Physiker* (Claassen Verlag, Hamburg). Titel der französischen Originalausgabe: *Louis de Broglie – Physicien et Penseur*, ins Deutsche übertragen von Ruth Gillischewski.

Denkmayr, T., Geppert, H., Sponar, S., Lemmel, H., Matzkin, A., Tollaksen, J. und Hasegawa, Y. (2014). Observation of a quantum Cheshire Cat in a matter-wave interferometer experiment. *Nature Communications*, **5**, Artikelnummer 4492.

d'Espagnat, B. (1995). *Veiled Reality. An Analysis of Present-Day Quantum Mechanical Concepts*. Addison-Wesley, Reading.

DeWitt, B. S. (1967). Quantum theory of gravity. I. The canonical theory. *Physical Review*, **160**, 1113–1148.

Dirac, P. A. M. (1958). *The Principles of Quantum Mechanics*. Vierte Auflage. Clarendon Press, Oxford.

Dürr, D. (2001). *Bohmsche Mechanik als Grundlage der Quantenmechanik*. Springer, Berlin.

Einstein, A. (1905). Über einen die Erzeugung und Verwandlung des Lichtes betreffenden heuristischen Gesichtspunkt. *Annalen der Physik*, vierte Folge, **17**, 132–148. Abgedruckt in Stachel (2001). Ebenfalls abgedruckt in: *The Collected Papers of Albert Einstein*, Band 2 (Princeton University Press, Princeton, 1989).

Einstein, A. (1906). Zur Theorie der Lichterzeugung und Lichtabsorption. *Annalen der Physik*, vierte Folge, **20**, 199–206. Abgedruckt in: *The Collected Papers of Albert Einstein*, Band 2 (Princeton University Press, Princeton, 1989).

Einstein, A. (1909). Zum gegenwärtigen Stand des Strahlungsproblems. *Physikalische Zeitschrift*, **10**, 185–193. Abgedruckt in: *The Collected Papers of Albert Einstein*, Band 2 (Princeton University Press, Princeton, 1989).

Einstein, A. (1916). Näherungsweise Integration der Feldgleichungen der Gravitation. *Sitzungsberichte der königlich-preußischen Akadademie der Wissenschaften zu Berlin, Sitzung der physikalisch-mathematischen Klasse*, 688–696. Abgedruckt in: *The Collected Papers of Albert Einstein*, Band 6 (Princeton University Press, Princeton, 1996).

Einstein, A. (1925). Quantentheorie des einatomigen idealen Gases. Zweite Abhandlung. *Sitzungsberichte der preußischen Akadademie der Wissenschaften zu Berlin, Sitzung der physikalisch-mathematischen Klasse*, 3–14.

Einstein, A. (1927). Bestimmt Schrödingers Wellenmechanik die Bewegung eines Systems vollständig oder nur im Sinne der Statistik? Dokument Nr. 2-100, zu finden unter www.alberteinstein.info/.

Einstein, A. (1936). Physik und Realität. In: Einstein (1984), S. 63–106.

Einstein, A. (1948). Quanten-Mechanik und Wirklichkeit. *Dialectica*, **2**, 320–324. Dieser Artikel ist hier abgedruckt.

Einstein, A. (1949a). Autobiographisches. In: Schilpp (1983), S. 1–36.

Einstein, A. (1949b). Bemerkungen zu den in diesem Bande vereinigten Arbeiten. In: Schilpp (1983), S. 233–249.

Einstein, A. (1953a). Elementare Überlegungen zur Interpretation der Grundlagen der Quanten-Mechanik. In: Born (1953), S. 33–40.

Einstein, A. (1953b). Einleitende Bemerkungen über Grundbegriffe. In: de Broglie (1953b), S. 13–17.

Einstein, A. (1984). *Aus meinen späten Jahren*. Ullstein, Frankfurt am Main.

Einstein, A. und Rosen, N. (1935). The Particle Problem in the General Theory of Relativity. *Physical Review*, **48**, 73–77.

Einstein, A. und Rosen, N. (1936). Two-Body Problem in General Relativity Theory. *Physical Review*, **49**, 404–405.

Einstein, A. und Rosen, N. (1937). Gravitational waves. *Journal of the Franklin Institute*, **223**, 43–54.

Einstein, A., Tolman, R. C. und Podolsky, R. (1931). Knowledge of Past and Future in Quantum Mechanics. *Physical Review*, **37**, 780–781.

Einstein, A., Podolsky, B. und Rosen, N. (1935). Can Quantum-Mechanical Description of Physical Reality Be Considered Complete?. *Physical Review*, **47**, 777–780. Deutsche Übersetzung in: Baumann und Sexl (1984), S. 80–86. Diese Übersetzung ist hier abgedruckt.

Einstein, A., Born, H. und Born, M. (1986). *Briefwechsel 1916–1955*. Ullstein, Frankfurt am Main.

Erven, C. et al. (2014). Experimental three-photon quantum nonlocality under strict locality conditions. *Nature photonics*, **8**, 292–296.

Esfeld, M. (Hg.) (2012). *Philosophie der Physik*. Suhrkamp, Berlin.

Everett, H. (1957). 'Relative state' formulation of quantum mechanics. *Review of Modern Physics*, **29**, 454–462. Abgedruckt in: Wheeler und Zurek (1983), S. 315–323.

Fine, A. (1996). *The Shaky Game*. Zweite Auflage. The University of Chicago Press, Chicago und London.

Fölsing, A. (1993). *Albert Einstein*. Suhrkamp, Frankfurt am Main.

Furry, W. H. (1936a). Note on the Quantum-Mechanical Theory of Measurement. *Physical Review*, **49**, 393–399.

Furry, W. H. (1936b). Remarks on Measurements in Quantum Theory. *Physical Review*, **49**, 476.

Gerlich, S. et al. (2011). Quantum interference of large organic molecules. *Nature Communications*, **2**, Artikelnummer 263.

Giulini, D. (2005). *„Es lebe die Unverfrorenheit!" Albert Einstein und die Begründung der Quantentheorie*. In: *Der jugendliche Einstein und Aarau*, hg. von H. Hunziker (Birkhäuser, Basel), S. 141–169. Eine ähnliche Version findet sich unter http://arxiv.org/abs/physics/0512034.

Giustina, M. et al. (2013). Bell violation using entangled photons without the fair-sampling assumption. *Nature*, **497**, 227–230.

Gleason, A. M. (1957). Measures on the Closed Subspaces of a Hilbert Space. *Journal of Mathematics and Mechanics*, **6**, 885–893.

Greenberger, D. M., Horne, M. A. und Zeilinger, A. (1989). Going Beyond Bell's Theorem. In: *Bell's Theorem, Quantum Theory and Conceptions of the Universe*, hg. von M. Kafatos (Kluwer, Dordrecht), S. 69–72.

Hackermüller, L., Hornberger, K., Brezger, B., Zeilinger, A. und Arndt, M. (2003). Decoherence in a Talbot Lau interferometer: the influence of molecular scattering. *Applied Physics B*, **77**, 781–787.

Hackermüller, L., Hornberger, K., Brezger, B., Zeilinger, A. und Arndt, M. (2004). Decoherence of matter waves by thermal emission of radiation. *Nature*, **427**, 711–714.

Haroche, S. (2014). Controlling photons in a box and exploring the quantum to classical boundary. *International Journal of Modern Physics A*, **29**, Artikelnummer 1430026.

Harris, D. M., Moukhtar, J., Fort, E., Couder, Y. und Bush, J. W. M. (2013). Wavelike statistics from pilot-wave dynamics in a circular corral. *Physical Review E*, **88**, Artikelnummer 011001(R).

Heisenberg, W. (1927). Über den anschaulichen Inhalt der quantentheoretischen Kinematik und Mechanik. *Zeitschrift für Physik*, **43**, 172–198. Abgedruckt in: Baumann und Sexl (1984).

Heisenberg, W. (1935). Ist eine deterministische Ergänzung der Quantenmechanik möglich? Abgedruckt in: Pauli (1985), S. 409–418.

Heisenberg, W. (1985). *Der Teil und das Ganze*. Gesammelte Werke, Abteilung C: Allgemeine Schriften (Piper, München).

Hermann, G. (1935a). Die naturphilosophischen Grundlagen der Quantenmechanik. *Die Naturwissenschaften*, **42**, 718–721.

Hermann, G. (1935b). Die naturphilosophischen Grundlagen der Quantenmechanik. *Abhandlungen der Fries'schen Schule*, **6**, Zweites Heft, S. 69–152.

Howard, D. (1990). „Nicht sein kann was nicht sein darf," or the prehistory of EPR, 1909–1935: Einstein's early worries about the quantum mechanics of composite systems. In: *Sixty-Two Years of Uncertainty*, hg. von A. .I. Miller (Plenum Press, New York), S. 61–111.

Huelga, S. F. und Plenio, M. B. (2013). Vibrations, quanta and biology. *Contemporary Physics*, **54**, 181–207.

Hylleraas, E. A. (1929). Neue Berechnung der Energie des Heliums im Grundzustande, sowie des tiefsten Terms von Ortho-Helium. *Zeitschrift für Physik*, **54**, 347–366.

Hylleraas, E. A. (1931). Über die Elektronenterme des Wasserstoffmoleküls. *Zeitschrift für Physik*, **71**, 739–763.

Isham, C. J. (1995). *Lectures on Quantum Theory. Mathematical and Structural Foundations.* Imperial College Press, London.

Iskhakov, T. Sh., Agafonov, I. N., Chekhova, M. V. und Leuchs, G. (2012). Polarization-Entangled Light Pulses of 10^5 Photons. *Physical Review Letters*, **109**, 150502.

Jammer, M. (1966). *The Conceptual Development of Quantum Mechanics.* McGraw-Hill Book Company, New York.

Jammer, M. (1974). *The Philosophy of Quantum Mechanics.* John Wiley & Sons, New York.

Joos, E. (2002). Dekohärenz und der Übergang von der Quantenphysik zur klassischen Physik. In: Audretsch (2002), S. 169–195.

Joos, E. und Zeh, H. D. (1985). The Emergence of Classical Properties Through Interaction with the Environment. *Zeitschrift für Physik B*, **59**, 223–243.

Joos, E., Zeh, H. D., Kiefer, C., Giulini, D., Kupsch, J. und Stamatescu, I.-O. (2003). *Decoherence and the Appearance of a Classical World in Quantum Theory.* Zweite Auflage. Springer, Berlin.

Kemble, E. C. (1935). The Correlation of Wave Functions with the States of Physical Systems. *Physical Review*, **47**, 973–974.

Kiefer, C. (2002). *Quantentheorie.* S. Fischer, Frankfurt am Main.

Kiefer, C. (2005). Einstein und die Folgen, Teil I. *Physik in unserer Zeit*, Januar 2005, 12–18.

Kiefer, C. (2009). *Der Quantenkosmos. Von der zeitlosen Welt zum expandierenden Universum.* Dritte Auflage. S. Fischer, Frankfurt am Main.

Kiefer, C. (2012). *Quantum Gravity.* Dritte Auflage. Oxford University Press, Oxford.

Kiefer, C., Polarski, D. und Starobinsky, A. A. (1998). Quantum-to-classical transition for fluctuations in the early universe. *International Journal of Modern Physics D*, **7**, 455–462.

Kochen, S. und Specker, E. P. (1967). The Problem of Hidden Variables in Quantum Mechanics. *Journal of Mathematics and Mechanics*, **17**, 59–87.

Lee, K. C. et al. (2011). Entangling Macroscopic Diamonds at Room Temperature. *Science*, **334**, 1253–1256.

Leifer, M. S. (2014). Is the quantum state real? A review of ψ-ontology theorems. Online verfügbar unter arXiv:1409.1570 [quant-ph].

Leonhardt, U. (1997). *Measuring the Quantum State of Light.* Cambridge University Press, Cambridge.

Lin, C.-H. und Ho, Y. K. (2014). Quantification of entanglement entropy in helium by the Schmidt-Slater decomposition method. Online verfügbar unter arXiv: 1404.5287v2 [quant-ph].

London, F. und Bauer, E. (1939). *La théorie de l'observation en mécanique quantique* (Hermann, Paris). Englische Übersetzung abgedruckt in: Wheeler und Zurek (1983), S. 217–259.

Madelung, E. (1926). Quantentheorie in hydrodynamischer Form. *Zeitschrift für Physik*, **40**, 322–326.

Maldacena, J. und Susskind, L. (2013). Cool horizons for entangled black holes. *Fortschritte der Physik*, **61**, 781–811.

Matín-Martínez, E. und Menicucci, N. C. (2014). Entanglement in curved spacetimes and cosmology. Online verfügbar unter arXiv:1408.3420 [quant-ph].

Maudlin, T. (2014). What Bell Did. Online verfügbar unter arXiv:1408.1826 [quant-ph].

Mott, N. F. (1929). The wave mechanics of α-ray tracks. *Proceedings of the Royal Society A*, **126**, 79–84. Abgedruckt in: Wheeler und Zurek (1983), S. 129–134.

Nielsen, M. A. und Chuang, I. L. (2000). *Quantum Computation and Quantum Information*. Cambridge University Press, Cambridge.

O' Reilly, E. J. und Olaya-Castro, A. (2014). Non-classicality of the molecular vibrations assisting exciton energy transfer at room temperature. *Nature Communications*, **5**, Artikelnummer 3012.

Ou, Z. Y., Pereira, S. F., Kimble, H. J. und Peng, K. C. (1992). Realization of the Einstein-Podolsky-Rosen Paradox for Continuous Variables. *Physical Review Letters*, **68**, 3663–3666.

Pais, A. (2009). *Raffiniert ist der Herrgott . . . . Albert Einstein. Eine wissenschaftliche Biographie.* Spektrum Akademischer Verlag, Heidelberg.

Palomaki, T. A., Teufel, J. D., Simmonds, R. W. und Lehnert, K. W. (2013). Entangling Mechanical Motion with Microwave Fields. *Science*, **342**, 710–713.

Pan, J.-W. et al. (2000). Experimental test of quantum nonlocality in three-photon Greenberger–Horne–Zeilinger entanglement. *Nature*, **403**, 515–519.

Pauli, W. (1953). Bemerkungen zum Problem der verborgenen Parameter in der Quantenmechanik und zur Theorie der Führungswelle. In: de Broglie (1953b), S. 26–35.

Pauli, W. (1979a). Einsteins Beitrag zur Quantentheorie. In: Schilpp (1983), S. 60–69.

Pauli, W. (1979b). *Wissenschaftlicher Briefwechsel, Band I: 1919–1929*, hg. von A. Hermann, K. v. Meyenn und V. F. Weisskopf. Springer, New York.

Pauli, W. (1985). *Wissenschaftlicher Briefwechsel, Band II: 1930–1939*, hg. von K. v. Meyenn. Springer, New York.

Pauli, W. (1990). *Die allgemeinen Prinzipien der Wellenmechanik*. Neu herausgegeben und mit historischen Anmerkungen versehen von N. Straumann. Springer, Berlin.

Pauli, W. (1996). *Wissenschaftlicher Briefwechsel, Band IV, Teil I: 1950–1952*, hg. von K. v. Meyenn. Springer, New York.

Peres, A. (1995). *Quantum Theory: Concepts and Methods*. Kluwer, Dordrecht.

Philbin, T. G. (2014). Derivation of quantum probabilities from deterministic evolution. Online verfügbar unter arXiv:1409.7891v2 [quant-ph].

Planck, M. (1900). Zur Theorie des Gesetzes der Energieverteilung im Normalspektrum. *Verhandlungen der Deutschen Physikalischen Gesellschaft*, **2**, 237–245.

Rempe, G. (2002). Verschränkte Quantensysteme: Vom Welle-Teilchen-Dualismus zur Einzel-Photonen-Quelle. In: Audretsch (2002), S. 95–118.

Rosen, N. (1931). The normal state of the hydrogen molecule. *Physical Review*, **38**, 2099–2114.

Rosen, N. (1945). On waves and particles. *Journal of the Elisha Mitchel Scientific Society*, **61**, 67–73.

Rosen, N. (1979). Kann man die quantenmechanische Beschreibung der physikalischen Wirklichkeit als vollständig betrachten?. In: *Albert Einstein. Sein Einfluß auf Physik, Philosophie und Politik*, hg. von P. C. Aichelburg und R. U. Sexl, S. 59–70. Vieweg, Braunschweig und Wiesbaden.

Rosenfeld, L. (1967). Bohr's Reply. Abgedruckt in: Wheeler und Zurek (1983), S. 142–143.

Ruark, A. E. (1935). Is the Quantum-Mechanical Description of Physical Reality Complete?. *Physical Review*, **48**, 466–467.

Saunders, S., Barrett, J., Kent, A. und Wallace, D. (Hg.) (2010). *Many Worlds? Everett, Quantum Theory, and Reality*. Oxford University Press, Oxford.

Schilpp, P. A. (Hg.) (1983). *Albert Einstein als Naturforscher und als Philosoph. Eine Auswahl*. Vieweg, Braunschweig und Wiesbaden.

Schlosshauer, M. (2007). *Decoherence and the quantum-to-classical transition*. Springer, Berlin.

Schlosshauer, M., Kofler, J. und Zeilinger, A. (2013). A Snapshot of Foundational Attitudes Toward Quantum Mechanics. *Studies in the History and Philosophy of Modern Physics*, **44**, 222–230.

Schmidt, L. Ph. H. et al. (2013). Momentum Transfer to a Free Floating Double Slit: Realization of a Thought Experiment from the Einstein-Bohr Debates. *Physical Review Letters*, **111**, Artikelnummer 103201.

Schrödinger, E. (1935a). Discussion of probability relations between separated systems. *Proceedings of the Cambridge Philosophical Society*, **31**, 555–562.

Schrödinger, E. (1935b). Die gegenwärtige Situation in der Quantenmechanik. *Die Naturwissenschaften*, **23**, 807–812, 824–828, 844–849.

Schrödinger, E. (1936). Probability relations between separated systems. *Proceedings of the Cambridge Philosophical Society*, **32**, 446–452.

Scully, M. O., Englert, B.-G. und Walther, H. (1991). Quantum optical tests of complementarity. *Nature*, **351**, 111–116.

Scully, M. O. und Zubairy, M. S. (1997). *Quantum Optics*. Cambridge University Press, Cambridge.

Shimony, A. (2009). Hidden-Variables Models of Quantum Mechanics (Noncontextual and Contextual). In: *Compendium of Quantum Physics*, hg. von D. Greenberger, K. Hentschel und F. Weinert (Springer, Berlin), S. 287–291.

Soler, L. (2009). The convergence of transcendental philosophy and quantum physics: Grete Henry-Hermann's 1935 pioneering proposal. In: *Constituting objectivity: Transcendental perspectives on modern physics. The Western Ontario series in philosophy of science*, **Vol. IV**, S. 329–346. Springer, Berlin.

Sommerfeld, A. (1944). *Atombau und Spektrallinien, II. Band*. Zweite Auflage. Vieweg, Braunschweig.

Stachel, J. (Hg.) (2001). *Einsteins Annus mirabilis. Fünf Schriften, die die Welt der Physik revolutionierten*. Rowohlt Taschenbuch Verlag, Reinbek.

Straumann, N. (2011). On the first Solvay Congress in 1911. *The European Physical Journal H*, **36**, 379–399.

Tegmark, M. (2000). Importance of quantum decoherence in brain processes. *Physical Review E*, **61**, 4194–4206.

Tolman, R. C., Ehrenfest, P. und Podolsky, B. (1931). On the gravitational field produced by light. *Physical Review*, **37**, 602–615.

Valentini, A. und Westman, H. (2005). Dynamical origin of quantum probabilities. *Proceedings of the Royal Society A*, **461**, 253–272.

von Meyenn, K. (Hg.) (2011). *Eine Entdeckung von ganz außerordentlicher Tragweite. Schrödingers Briefwechsel zur Wellenmechanik und zum Katzenparadoxon*. Zwei Bände. Springer, Berlin.

von Neumann, J. (1932). *Mathematische Grundlagen der Quantenmechanik*. Springer, Berlin.

Wald, R. M. (1986). Correlations and causality in quantum field theory. In: *Quantum Concepts in Space and Time*, hg. von R. Penrose und C. J. Isham. Clarendon Press, Oxford.

Wallace, D. (2012). *The Emergent Multiverse*. Oxford University Press, Oxford.

Weihs, G. (2009). Loopholes in Experiments. In: *Compendium of Quantum Physics*, hg. von D. Greenberger, K. Hentschel und F. Weinert (Springer, Berlin), S. 348–355.

Weinberg, S. (2012). *Lectures on Quantum Mechanics*. Cambridge University Press, Cambridge.

Wheeler, J. A. und Zurek, W. H. (1983). *Quantum Theory and Measurement*. Princeton University Press, Princeton.

Whitaker, M. A. B. (2004). The EPR Paper and Bohr's Response: A Re-Assessment. *Foundations of Physics*, **34**, 1305–1340.

Whitaker, A. (2012). *The New Quantum Age. From Bell's Theorem to Quantum Computation and Teleportation*. Oxford University Press, Oxford.

Wigner, E. P. (1963). The Problem of Measurement. *American Journal of Physics*, **31**, 6–15. Abgedruckt in: Wigner (1995), S. 163–180.

Wigner, E. P. (1967). Remarks on the Mind-Body Question. In: *Symmetries and Reflections* (Indiana University Press, Bloomington, Indiana), S. 171–184. Abgedruckt in: Wigner (1995), S. 247–260.

Wigner, E. P. (1995). *Philosophical Reflections and Syntheses.* Springer, Berlin.

Wineland, D. J. (2014). Superposition, entanglement, and raising Schrödinger's cat. *International Journal of Modern Physics A*, **29**, Artikelnummer 1430027.

Wittgenstein, L. (1984). *Philosophische Untersuchungen.* Suhrkamp, Frankfurt am Main.

Xavier University (1962). *Conference on the Foundations of Quantum Mechanics.* Transkript online verfügbar unter (zitiert Januar 2014)
http://jamesowenweatherall.com/SCPPRG/XavierConf1962Transcript.pdf

Zeh, H. D. (1970). On the interpretation of measurement in quantum theory. *Foundations of Physics*, **1**, 69–76. Abgedruckt in: Wheeler und Zurek (1983), S. 342–349.

Zeh, H. D. (1999). Why Bohm's Quantum Theory?. *Foundations of Physics Letters*, **12**, 197–200.

Zeh, H. D. (2005). Roots and Fruits of Decoherence. Online verfügbar unter arXiv:quant-ph/0512078v2 [quant-ph].

Zeh, H. D. (2007). *The Physical Basis of the Direction of Time.* Fünfte Auflage. Springer, Berlin.

Zeh, H. D. (2010). Quantum discreteness is an illusion. *Foundations of Physics*, **40**, 1476–1493.

Zeh, H. D. (2011). Feynman's quantum theory. *European Physical Journal H*, **36**, 147–58.

Zeh, H. D. (2012). *Physik ohne Realität: Tiefsinn oder Wahnsinn?.* Springer, Berlin.

Zeh, H. D. (2013). The strange (hi)story of particles and waves. Online verfügbar unter arXiv:1304.1003v8 [physics.hist-ph].

Zeh, H. D. (2014). John Bell's varying interpretations of quantum mechanics. Online verfügbar unter arXiv:1402.5498v4 [quant-ph].

Zurek, W. H. (2003). Decoherence, einselection, and the quantum origins of the classical. *Rev. Mod. Phys.*, **75**, 715–75.

Zurek, W. H. (2005). Probabilities from entanglement, Born's rule $p_k = |\psi_k|^2$ from envariance. *Physical Review A*, **71**, Artikelnummer 052105.

Sachverzeichnis